Node-REDの基本ノードとDashboard

本書の制作例

●Lチカ実験（p.40）

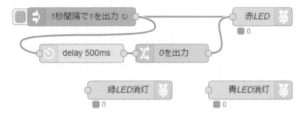

●インターネットラジオ（p.140）

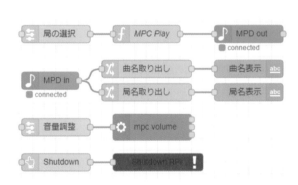

●リモートカメラ（p.152）

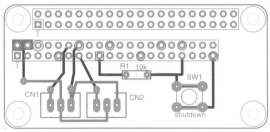

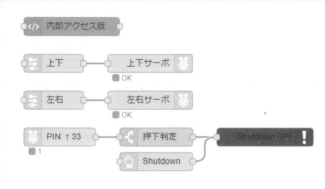

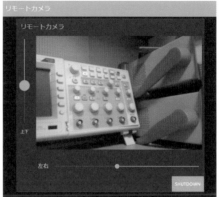

●メータ表示の温度計（p.166）

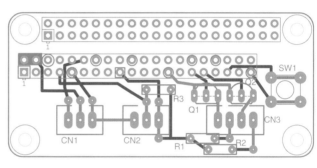

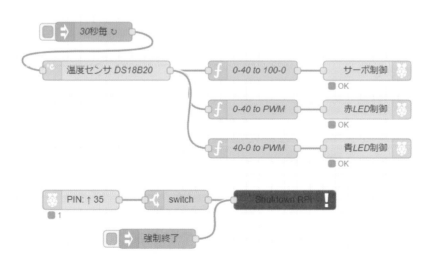

●環境情報表示板（p.176）

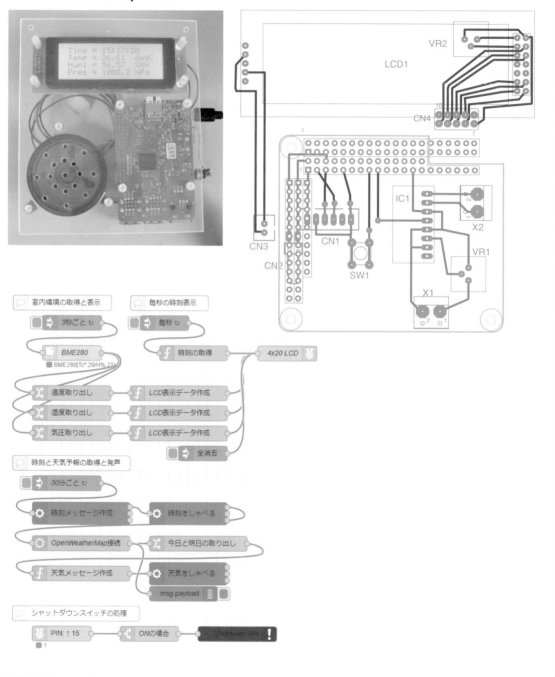

●リモコンカー（p.192）

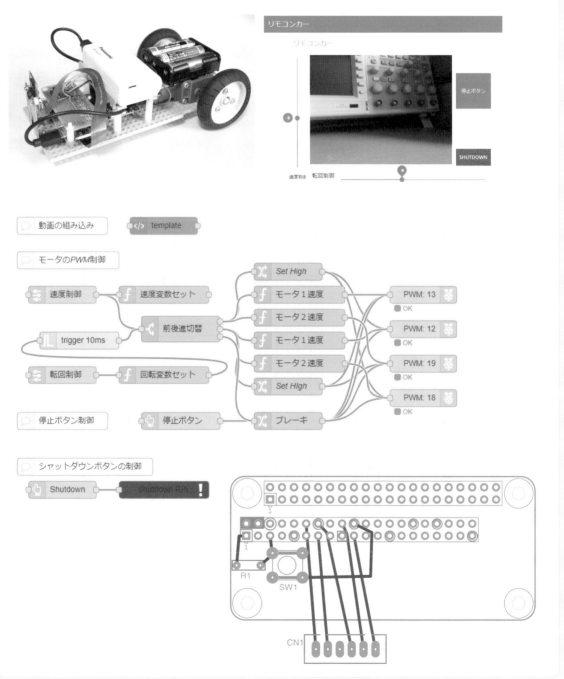

リモコンカー

動画の組み込み　　template

モータのPWM制御

速度制御 → 速度変数セット → Set High

前後進切替 → モータ1速度 → PWM: 13　OK

trigger 10ms → モータ2速度 → PWM: 12　OK

→ モータ1速度 → PWM: 19　OK

転回制御 → 回転変数セット → モータ2速度 → Set High → PWM: 18　OK

停止ボタン制御 → 停止ボタン → ブレーキ

シャットダウンボタンの制御

Shutdown → Shutdown RPi !

R1　SW1　CN1

●データロガー（p.205）

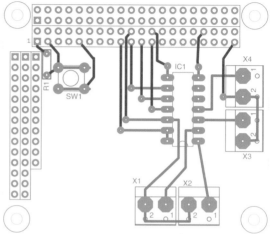

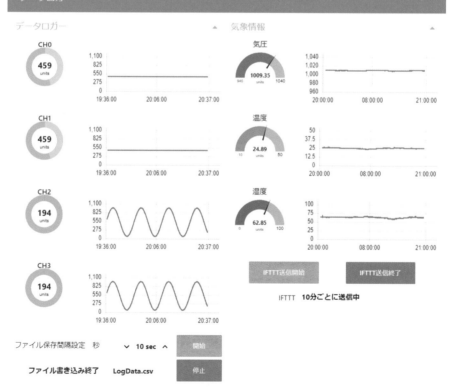

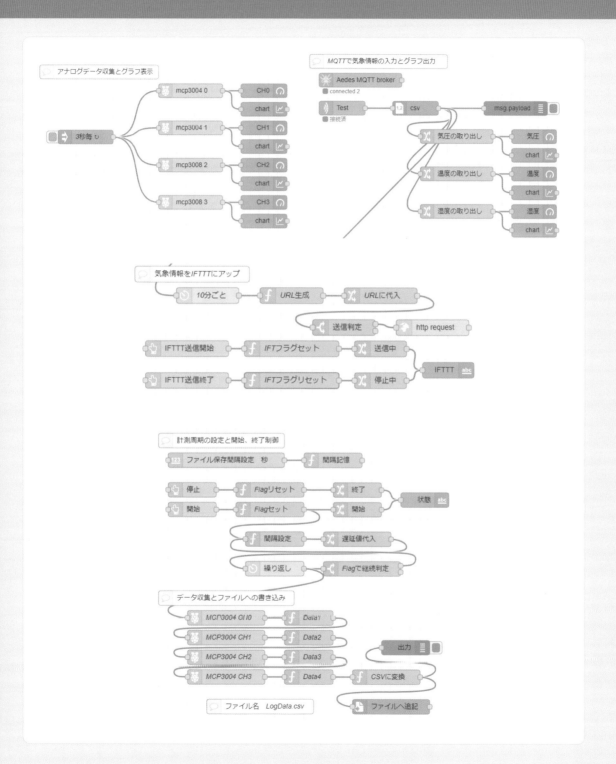

●Alexa連携LEDディスプレイ（p.228）

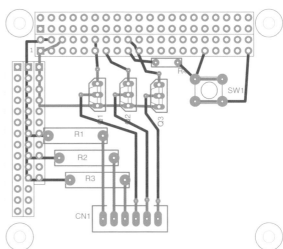
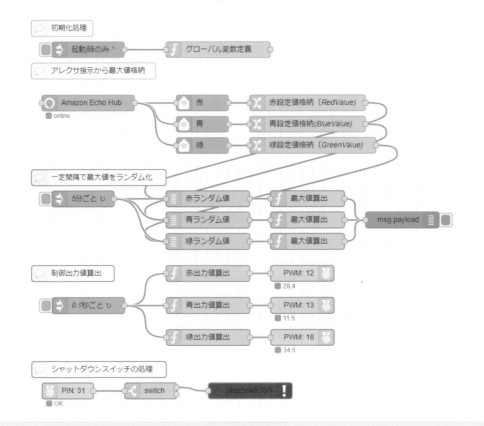

電子工作のための

Node-RED
活用ガイドブック

後閑哲也

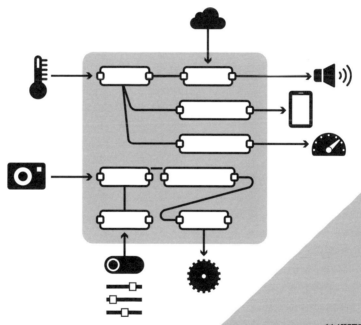

技術評論社

■参考文献

1. 「はじめてのNode-RED」　　　　　　工学社　　　ISBN978-4-7775-2026-8
2. 「実践　Node-RED活用マニュアル」　工学社　　　ISBN978-4-7775-2111-1

はじめに

　私自身、Node-REDという名前は以前からあちこちで見かけていたので知ってはいましたが、インターネットサービスをベースにした大きなアプリケーションを開発するためのツールという程度の認識で、頭のなかを素通りしていました。

　確かにNode-REDはインターネットサービスとの接続が簡単にできるので、TwitterやDropBox、クラウドとの接続というようなネットワークサービスを使ったアプリケーションの例がたくさんあります。

　さらに、もともとの開発元のIBMに、日立製作所の開発者がNode-REDの開発に参加したことで、本格的なプロセス制御や産業機器制御にも応用できるようになっていました。

　日頃、筆者はPICマイコンをよく使っているのですが、その仲間の方々と情報交換会を不定期で開催しています。その中で、ある方がRaspberry PiとNode-REDを使ってリモコンカーを製作した例を紹介してくださいました。その製作例の説明を聞いていて、Node-REDをもっと電子工作に応用できるのではないかと思ったのがNode-REDを始めたきっかけです。

　そんな目的ですから、本書では、もっとハードウェアを動かす方に注目して、電子工作を楽しむための道具としてNode-REDを活用する方法を紹介しています。

　すべての製作例をRaspberry Piに簡単なハードウェアを追加するだけで完成できる内容としています。さらに、できるだけ既存のNode-REDのノードだけで完成させ、別にプログラムを作成する必要がないようにして、初心者でも本書を参考にして再現できる電子工作を目標としました。読者が自分でも試してみようという気になっていただければ幸いです。

　末筆になりましたが、本書の編集作業で大変お世話になった技術評論社の藤澤 奈緒美さんに大いに感謝いたします。

2021年4月　　後閑 哲也

目 次

第1章

Raspberry Pi と Node-RED の概要

Raspberry Pi のモデルの種類と全体構成について概説します。

また Node-RED についても、何者かということと、どのように使うか、どんなことができるかの概要を説明します。

1-1 Raspberry Piの概要

1-1-1 Raspberry Piとは

イギリスのラズベリーパイ財団によって開発されている教育用ワンボードコンピュータ。

1枚のプリント基板で構成されたマイクロコンピュータ基板のこと。

リーナス・ベネディクト・トーバルズが独自に開発し1991年に公開した。

コンピュータの実行や操作を効率よくし、使い易くするためのソフトウェア、WindowsもOSの1つ。

本書ではすべてハードウェアのベースには「Raspberry Pi*」というワンボードコンピュータ*といわれる市販ボードを使います。通常ラズベリーパイとかラズパイと呼ばれているので、本書でも「ラズパイ」と呼ぶことにします。

もともと教育目的で開発されたものですので、安価で個人でも容易に購入できますし、随所に簡単に使える工夫がなされています。

このラズパイは「Linux*」（リナックス、リヌックス、ライナックスと呼ばれる）という本格的なコンピュータに使われているOS*（オペレーティングシステム）で動作するようになっています。ひと昔前のパソコン並みの性能を持っているので、コンピュータのプロもこれで実際の市販製品を開発しているほどです。

このように非常に高度なコンピュータでありながら、基本ソフトウェアのインストールを簡単にできるようにしたり、多くの便利で高機能なアプリケーションを標準搭載したりして、だれでも簡単に使えるようになっています。

本書でもこの高性能さを活かしてNode-REDというアプリケーションを使うことにより、「プログラム」と言われる面倒な記述を全く行わないで動かして、目標とする電子工作の作品を製作していきます。

1-1-2 ラズパイのモデル種類

このラズパイは当初開発されたモデルから非常に人気があったため、次々と新しいモデルが開発されて高性能化されています。これらの流れは図1-1-1のようになっていて、本書執筆時点では「Raspberry Pi 4」が最新のものとなっています。

本書では最新のRaspberry Pi 4では高性能すぎますし、高価ですので、最も安価なRaspberry Pi Zero WHというモデルを主にし、音声出力などが必要な使い方ではRaspberry Pi 3Bまたは3B+を使っています。

●図1-1-1 Raspberry Piのモデル推移

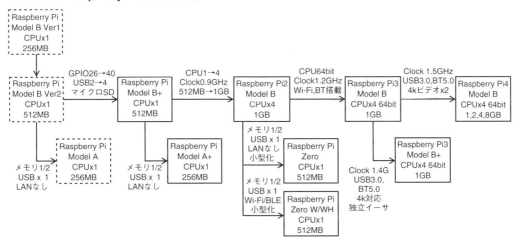

写真1-1-1がRaspberry Pi Zero WHの外観です。非常に小型で安価ですが、マイクロSDカードソケット、マイクロUSBコネクタ、カメラ用コネクタ、Wi-FiとBLE[*]対応、拡張ヘッダが実装されているので、電子工作を楽しむには十分の内容です。

Wi-Fiは無線LAN、BLEはBluetooth Low Energyのこと。

●写真1-1-1 Raspberry Pi ZERO WHの外観

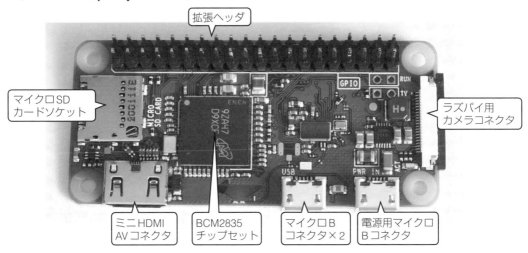

写真1-1-2はRaspberry Pi 3B+の外観で、コンピュータ本体が高性能であることと、メモリ容量も多く、USBや有線LANのコネクタや、オーディオ用ジャックが追加されています。こちらもZEROと全く同じ拡張ヘッダがあるので、同じように部品追加できます。

　Raspberry Pi 3Bはこの3B+の前のモデルで、CPUの速度やWi-Fiなどの性能がやや低くなりますが、本書の範囲では全く問題なく使うことができます。

●写真1-1-2　Raspberry Pi 3B+の外観

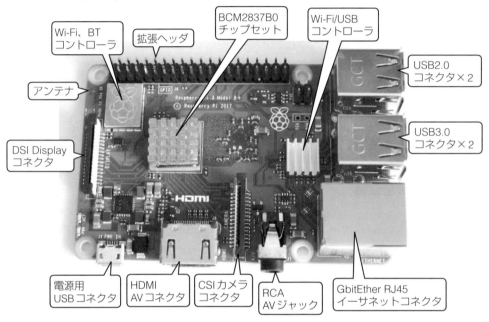

Wi-Fi、BT
コントローラ

拡張ヘッダ

BCM2837B0
チップセット

Wi-Fi/USB
コントローラ

USB2.0
コネクタ×2

アンテナ

USB3.0
コネクタ×2

DSI Display
コネクタ

電源用
USBコネクタ

HDMI
AVコネクタ

CSIカメラ
コネクタ

RCA
AVジャック

GbitEther RJ45
イーサネットコネクタ

・・・・・・・・・・・・・・・・・
外部機器を簡単に接続
できるピンを並べたも
の。

　本書では、これらのラズパイの拡張ヘッダに市販の拡張ボードを接続し、ピンヘッダ*やICなどを追加接続して機能を拡張しています。この拡張ボードの外観が写真1-1-3となります。Zero用と3B/3B+用とありますが、いずれも20ピン2列のコネクタを使ってラズパイの拡張用ヘッダに接続して使います。

　あらかじめ拡張ヘッダの部分が2列になっていて、ピン同士がパターンで接続されているので、ピンとの配線が楽にできるようになっています。

●写真1-1-3　ラズパイ用拡張ボードの例

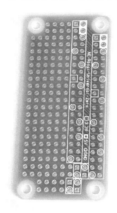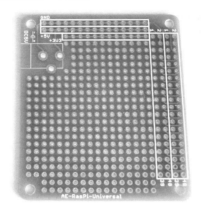

1-1-3　ラズパイ用ソフトウェア

　ラズパイを動かすための基本ソフトウェアは、Linuxですが、ラズパイ専用に開発されたもので「Raspbian」(ラズビアン)と呼ばれています。

　さらにこのRaspbianを簡単にインストール*できるようにまとめたインストーラアプリが用意されています。これを使えば、簡単な設定だけですべてのインストールが完了するようになっているので、簡単に使える準備を整えることができます。Wi-Fiとの接続や、日本語化などもすべて自動で行われます。

　このRaspbianに本書で使うNode-REDも内蔵されているので、Raspbianのインストールだけですぐ始めることができます。

　別途、必要なアプリケーションを追加することが必要な製作例もあります。これには、Linuxのコマンド*を入力する必要があります。しかし、必要最小限のコマンドでできるので、難しいことはありません。本書で記述されている通りに入力するだけです。

・・・・・・・・・・・・・・・・・・
ソフトウェアを使えるようにラズパイのSDカードに書き込むこと。

・・・・・・・・・・・・・・・・・・
ラズパイに指定した動作をさせるために入力する文字列のこと。シェルコマンドとも呼ばれる。詳しくは付録A、Bを参照。

1-2 Node-REDの概要

1-2-1 Node-REDとは

Node-RED（ノードレッド）は、もとはIBM社の「英国ハーズリー研究所」で2013年に開発、公開されたもので、ハードウェアとそれを動かすためのソフトウェア、さらにインターネット上の各種サービスを簡単につなげるようにすることを目標に開発されたソフトウェアの道具です。

その後、2016年にオープンソースとして「JS Foundation*」に移管されました。現在もオープンソースとして公開され、開発が続けられています。

このNode-REDは、もともとパソコンのWindowsやLinuxで動作するソフトウェアでしたが、ラズパイ用のOSである「Raspbian*」に標準搭載されました。ラズパイのOSを通常通りインストールすればすぐ使えるようになります。ラズパイに標準搭載されたことで、多くのライブラリや製作例が公開されるようになり、教育用にも多く使われるようになりました。

Node-REDの公式サイトは図1-2-1のようになっていて、Node-REDのドキュメントや、実際に使えるNode（ノード）*やFlow（フロー）*と呼ばれる製作例がたくさん公開されています。

> オープンソースの JavaScriptを発展させる中心的な場をつくることをミッションとするコミュニティー。

> ラズパイ用の標準OSで簡単にインストールできるようになっている。

> Node-REDで動作する機能単位。

> ノードを組み合わせて作成したある処理を実行するまとまりのこと。

●図1-2-1　Node-REDの公式サイト「https://nodered.org」

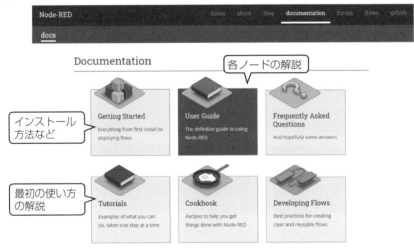

1-2-2　Node-REDの開発画面

ラズパイでNode-REDを使う場合、Node-REDそのものはラズパイ上で動作するのですが、実際のNode-REDによる開発作業はパソコンのブラウザで行うのが一般的な使い方です。もちろんラズパイ本体のブラウザでも作成できます。

このブラウザの画面例は図1-2-2のように大きく3つの窓から構成されています。中央が実際のNode-REDで設計をする「**ワークスペース**」で、左側の「**パレット**」に用意されているノードをドラッグドロップ*して貼り付けることで作業します。パレットにはあらかじめ標準で用意されているノードがありますが、あとから追加することもできます。

> マウスで選択しそのまま移動して貼り付けること。

これらのノードが非常に高機能になっていて、これまでいわゆるプログラミング言語で作成していた機能を、ノードをワークスペースに貼り付けるだけで実現できてしまいます。

右側の窓は「**ノード情報**」の表示と「**デバッグ***」用のメッセージ表示に使う窓で、ノードの使い方の情報や、動作を確認するためのメッセージを表示する窓となっています。

> 動作が正しいかどうかをチェックする作業のこと。

●図1-2-2　Node-REDの開発画面例

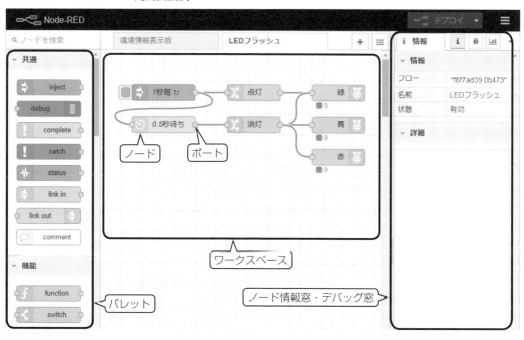

実際のフローの作成は、図1-2-2のワークスペースの例のように「**ノード**」と呼ばれる楕円形とその端にある入力と出力の「**ポート**（端子）」間を線で接続するだけで動作するようになっています。最近、小学生プログラミング教室などでよく使われている「Scratch*」とよく似た作成方法です。このようにノードを並べて線で接続するだけで動作するので、実に簡単に高機能な動作を実現できます。

　数多くのノードが用意されているので、ほとんどの機能をノードだけで製作できますが、どうしてもできない機能のために追加プログラムを記述できるノードも用意されています。さらに別途にプログラミング言語で作成したプログラムを呼び出して実行させることもできます。

　こうして一連のノードで、ある処理を実行できるように作成した結果を「**フロー**」と呼び、このフローの単位で保存したり、既存のフローを呼び出して実行させたりすることもできます。

　本書の製作例の多くはノードだけで構成していますが、できない部分は10行前後の短いプログラムを追加するだけにしているので、どなたでも試すことができると思います。

*　8〜16才のユーザーに向けた無料の教育用プログラミング言語およびその開発環境のこと。

第2章
基本プログラムの
インストール

ラズパイを使うにあたり必要なOS、Raspbianのインストールと、その後に必要な設定について説明します。

2-1 OSのインストールの準備

2-1-1 必要な機材

アプリやデバイスを動
作させるための基本と
なるソフトウェアで全
体の動作管理をする。

ラズパイのOS*、Raspbianをインストールする場合に必要な機材を説明します。Raspberry Pi 3B/3B+用とRaspberry Pi Zeroではちょっと異なる機材が必要になります。

■Raspberry Pi 3B/3B+に必要な機材

この場合に必要な機材は図2-1-1のようになります。ここでディスプレイとUSBキーボード、USBマウスはインストールが完了したあとは、使いません*ので、パソコン用のものを代替で使っても構いません。

リモートデスクトップ
接続で使うので、パソ
コンからのリモート
コントロールとなり、
キーボードもマウスも
ディスプレイも不要と
なる。

それ以外のものを個々で揃えるのは面倒ですが、これらをまとめたキットがアマゾンなどで販売されているので、こちらを購入するのが手っ取り早い方法です。特に、**ACアダプタには5Vで2.5A以上という大容量のものが必要**ですので注意してください。また、マイクロSDカード用のアダプタはパソコンに装着*する場合に必要となります。すでにアダプタがあれば必要はありません。インストール完了後に必須となるのはACアダプタとマイクロSDカードだけです。

最初にインストールす
るファイルをパソコン
からコピーするため。

●図2-1-1 OSインストール時に必要な機材（3B/3B+の場合）

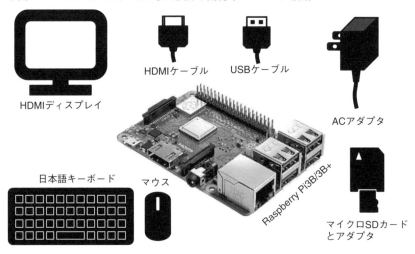

HDMIケーブル　　USBケーブル

HDMIディスプレイ

ACアダプタ

日本語キーボード　　マウス　　Raspberry Pi 3B/3B+

マイクロSDカード
とアダプタ

2 Raspberry Pi Zeroに必要な機材

この場合に必要な機材は、図2-1-2のようになります。こちらはちょっと特殊な機材*が必要になってしまいます。本体は安価なのですが、揃えなければならない機材が多いのでこちらが高くつきます。インストール時だけに必要*なものが大部分ですので、何らかの代替品があればそれで済ませても構いません。インストール完了後に必要なのは、ACアダプタとマイクロSDカードだけです。**この場合のACアダプタもUSBハブを使う場合には5Vで2.5Aが必要**となりますが、インストール完了後は2A程度のものでも十分です。

HDMIコネクタがミニで、USBコネクタがマイクロUSB1個しかないため。

インストール後はリモートデスクトップ接続でパソコンからリモコンするためキーボード、マウス、ディスプレイは不要となる。

● 図2-1-2 OSインストール時に必要な機材(Zeroの場合)

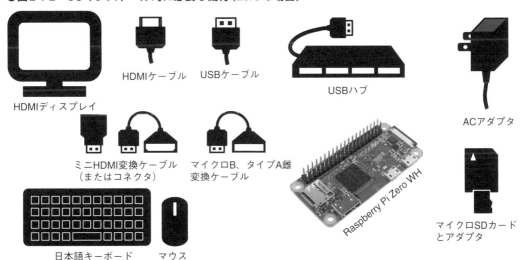

HDMIディスプレイ　HDMIケーブル　USBケーブル　USBハブ　ACアダプタ

ミニHDMI変換ケーブル（またはコネクタ）　マイクロB、タイプA雌変換ケーブル　Raspberry Pi Zero WH　マイクロSDカードとアダプタ

日本語キーボード　マウス

以上の機材を使わずに、Windows 10のパソコンだけでインストールする方法もあります。この場合には、ACアダプタとマイクロSDカードとアダプタだけがあればインストールできます。しかしこの方法はちょっと難しい操作が必要ですので、自信のある方だけにお勧めします。インストール方法は下記サイトを参考にしてください。

「Raspberry Pi Zero W」をWindows10 PCだけでセットアップ
https://qiita.com/Mitsu-Murakita/items/c70c44a30ac72dbbb6c2

2-2 OSのインストール

リーナス・ベネディクト・トーバルスが独自に開発し1991年に公開した。リヌックス、ライナックスとも呼ばれることがある。

ソフトウェアでまず必要になるものはOSです。ラズパイにインストールするOSは「Raspbian」（ラズビアン）と呼ばれていて、元はLinux（リナックス）*で構成されています。必要なソフトウェア群が必須ソフトウェアとしてまとめられ、さらにインストールしやすいようにバイナリイメージ*として提供されています。

すぐ実行できる形式のファイル。

2-2-1 インストーラの入手と実行（パソコン）

では早速、Raspbianのバイナリイメージを手に入れましょう。このバイナリイメージは通常のインターネットにつながっているWindowsパソコンを使って直接SDカードにダウンロードする必要があります。このダウンロードを手伝ってくれるインストーラアプリ*を使います。SDカードのフォーマットも自動的に実行してくれます。この手順は次のようにします。

インストールのために用意されたアプリのこと。

■1 バイナリイメージのインストーラアプリの入手

このインストーラの入手は下記のサイトから行います。

https://www.raspberrypi.org/software/

ファイル拡張子がexeとなっていてダブルクリックで即実行できるファイルのこと。

このサイトを開くと図2-2-1のようなページになるので、ここで左側の［Download for Windows］というボタンをクリックしてダウンロードを実行します。EXE形式の実行ファイル*なので、適当なフォルダにダウンロードしてください。このファイル自身は小サイズですので、すぐダウンロードできます。

●図2-2-1 インストーラアプリのダウンロードサイト

②インストーラのインストール

ダウンロードにより、「imager_1.5.exe*」という実行ファイルが保存されますから、これをダブルクリックして実行します。これで図2-2-2のダイアログが表示されますから①[Install]ボタンをクリックしてインストールを開始します。途中で②Raspbian本体のダウンロードをするので、ちょっと時間がかかりますが、完了ダイアログが表示されたら③[Finish]をクリックします。

●図2-2-2 インストーラのインストール

Finishすると自動的に図2-2-3のダイアログが表示されます。これがインストーラそのものです。このあとの手順は簡単です。

●図2-2-3 インストーラの実行画面

21

2-2-2 OSのダウンロード（パソコン）

1 OSの選択

・・・・・・・・・・・・・・・
16GB以上でクラス10
以上の速度のものが必
要。

まず先にSDカード*をパソコンにセットします。セットしたら図2-2-3で[CHOOSE OS]のボタンをクリックします。これで図2-2-4のOSの選択ダイアログになるので、ここでは迷わず一番上の推奨のRaspberry Pi OS（32bit）を選択します。

●図2-2-4　OSの選択ダイアログ

2 SDカードの選択

これで図2-2-3に戻るので、次に[CHOOSE SD CARD]をクリックすると図2-2-5の上側のようなSDカード選択ダイアログで、セットしたSDカードが自動的に選択肢に表示されるので、ここも迷わず選択します。

●図2-2-5　SDカードの選択と確認ダイアログ

■書き込み開始

再度図2-2-3に戻ったところで［WRITE］をクリックします。これで図2-2-5の下側のようなカードの中身が消去されるがよいかというダイアログが表示されますから、ここで［Yes］とすれば書き込みが開始されます。SDカードのフォーマットも自動的に行われます。

書き込み中は進捗状況が図2-2-6のように表示されます。ベリファイが完了し、図のようなカードを取り出してもよいというダイアログが表示されれば、OSのダウンロード完了です。

●図2-2-6 SDカードの書き込み進捗表示と完了ダイアログ

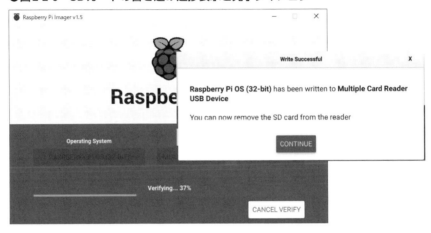

2-2-3 機材の接続（ラズパイ）

■Raspberry Pi 3B/3B+ の接続

揃えておいた機材を図2-2-7のように接続します。USBマウスとUSBキーボードを4個のUSBコネクタのいずれかに接続します。どれでも大丈夫です。次にHDMIケーブルでディスプレイと接続します。ディスプレイはHDMIの接続できるテレビでも問題ありません。

ACアダプタを接続するとすぐ動作を開始してしまいます。電源ケーブルだけはまだ接続しないでください。なお、ACアダプタ接続後の動作状態は状態表示用の赤と緑のLEDの点滅状態である程度わかります。緑のLEDが点滅している間は動作中で、SDカードにアクセスしているので、このときには電源をオフにしないようにしてください。**アクセス中に電源をオンオフすると、最悪SDカードの内容を壊してしまうことがあります。**

●図2-2-7　機材の接続方法

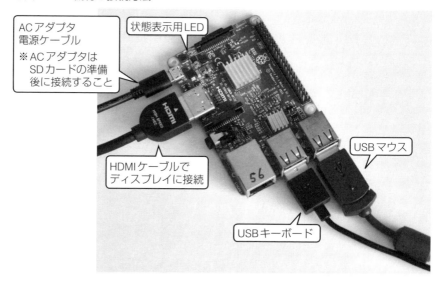

ACアダプタ
電源ケーブル
※ACアダプタは
SDカードの準備
後に接続すること

状態表示用LED

HDMIケーブルで
ディスプレイに接続

USBマウス

USBキーボード

❷Raspberry Pi Zeroの機材の接続

　揃えておいた機材を図2-2-8のように接続します。ちょっとアダプタが多く、接続方法が複雑になるので注意してください。

●図2-2-8　ZEROの場合の接続方法

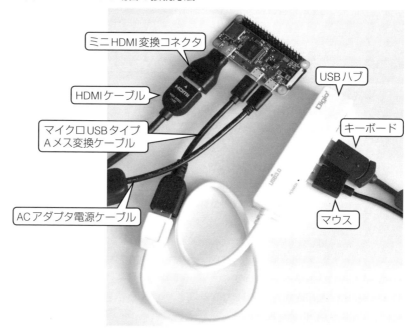

ミニHDMI変換コネクタ

HDMIケーブル

マイクロUSBタイプ
Aメス変換ケーブル

ACアダプタ電源ケーブル

USBハブ

キーボード

マウス

　まずディスプレイは「ミニHDMIケーブル」か「変換コネクタ」を使って接続します。HDMIケーブルを3B/3B+と共用する場合には変換コネクタが便利です。

　キーボードとマウスはUSBのコネクタが1個でしかもマイクロUSBですので、まず「マイクロUSB、タイプAメスの変換ケーブル」でタイプAのコネクタを用意します。次に「USBハブ」をこのコネクタに接続してキーボードとマウスを接続します。USBハブが無い場合には、最悪キーボードとマウスを差し替えながらインストール作業をすることも可能です。

　こちらもACアダプタを接続するとすぐ動作を開始してしまいます。電源ケーブルだけはまだ接続しないでください。

2-2-4　OSの実行（ラズパイ）

　ダウンロードが完了したSDカードをパソコンのスロットから取り出し、ラズパイのソケットに挿入したら、ラズパイの電源ケーブルを接続してオンとします。この時のラズパイにはモニタ、マウス、キーボードが接続された状態とします。これで自動的にOSが実行開始されます。

　実行してしばらくすると図2-2-9のような寺院の景色が背景として表示されたデスクトップ画面となります。そしてダイアログで続くいくつかの設定を開始する旨のダイアログが表示されますから、ここではそのまま①[Next]とします。

●図2-2-9　実行開始後のデスクトップ画面

1 地域の設定

　これで図2-2-10のような地域の設定ダイアログが表示されます。①Country欄でJapanを選択します。これでLanguageとTimezoneは自動的に日本用となるので②[Next]とします。

●図2-2-10　地域の設定

2 パスワードの設定

　次の画面では図2-2-11のようにパスワードの設定ダイアログが表示されます。ラズパイは必ずインターネットに接続するので、セキュリティを確保*するためこのパスワードは必ず設定しましょう。①2回同じパスワードを入力したら②[Next]とします。

●図2-2-11　パスワードの設定

3 画面サイズの確認

次の図2-2-12のダイアログは画面サイズの確認で、画面の周囲に黒い帯の部分がある場合だけ、①□にチェックを入れますが、通常はそのまま②[Next]とします。

●図2-2-12 画面のサイズの確認

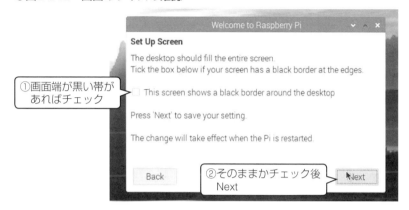

①画面端が黒い帯が
あればチェック

②そのままかチェック後
Next

4 Wi-Fiの設定

次からWi-Fi接続の設定です。しばらく待っていると図2-2-13のように①自動的にアクセスポイント*を探してくれ、見つかったアクセスポイントが表示されますから、②接続相手を選択して③[Next]とします。

Wi-FiルータとかWi-Fiモデムとか呼ばれる家庭用の無線LAN中継器のこと。

●図2-2-13 Wi-Fiの設定

①アクセスポイントを
自動的に検索

②接続先を選択する

③選択後Next

Wi-Fiルータのどこか
に記述されているか、
添付カードなどに記述
されている。

これで図2-2-14のように暗号化キーの入力ダイアログになるので、①アクセスポイントの暗号化キーつまりパスワード*を入力します。②入力後 [Next]
とします。これで自動的にWi-Fi接続が行われます。

●図2-2-14　暗号キーの入力

インターネット上
でデバイスを区別
するための番号。
192.168.11.51のよう
に4組の0から255ま
での数値で表される。
/24の部分は不要。

Windowsの ア ッ プ
デートと同じで、OS
やアプリを最新の状態
にする。

5 Wi-Fiの設定確認とソフトウェアの更新開始

　Wi-Fiの接続が完了したら、図2-2-15の①のように画面右上にあるWi-Fiアイコンにマウスを置くと自動的にIPアドレス*が表示されるので、これをメモしておきます。あとでリモート接続するときにこのIPアドレスが必要になります。確認できたらソフトウェア更新ダイアログの② [Next]をクリックして
更新作業*を開始します。

●図2-2-15　Wi-Fiの設定確認とソフトウェア更新

⑥ソフトウェア更新完了で再起動

このソフトウェア更新では図2-2-16の①のような進捗ダイアログが表示されますが、かなりの時間がかかります。すべての更新完了で完了ダイアログが表示されますから②[OK]をクリックします。これでインストール完了ダイアログが表示されますから、③のように[Restart]のボタンをクリックして再起動します。場合によると更新がErrorとなったダイアログが表示されることもありますが、無視して終了*させます。

後からコマンドで更新
作業を行うことができ
る。詳細は2-3-2項を
参照。

●図2-2-16　ソフトウェア更新完了で再起動

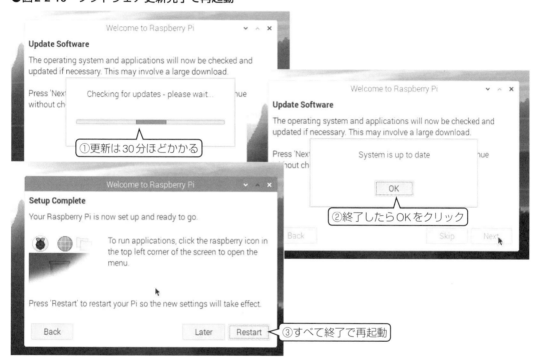

⑦再起動後リモートデスクトップ接続の有効化

これまででRaspbianのインストールはすべて完了しています。本書ではさらにもう1つ作業を追加してXRDPというアプリを追加してリモートデスクトップ*接続を有効化しておきます。これでこの先はディスプレイもマウスもキーボードも必要がなくなり、すべてパソコンからコントロールできるようになります。

遠隔操作ができる画面
のこと。

この手順は図2-2-17のように、まず①LXTerminalというWindowsのコマンドプロンプトに相当するアプリを起動します。②次にLXTerminalで次のコマンドをタイプして入力し最後に [Enter] キーを入力して実行を開始します。↵ は [Enter] キーのことです。

sudo：管理者権限で
実行するという意味
apt-get：ソフトと関
連ファイルをまとめた
パッケージを管理する
コマンド
install：パッケージを
インストールするとい
う意味
xrdp：X window
Remote Desk Topとい
うアプリ

この行のことを「プロ
ンプト」と呼ぶ。

```
sudo apt-get install xrdp↵                                              *
```

これで図のようにメッセージが表示され、③「続行しますか？」と聞かれる
のでここではそのまま Enter を入力して続けるようにします。そしてしばら
くメッセージが表示され、最後に緑色の行*が表示されて停止すればすべて完
了です。

●図2-2-17　再起動後リモートデスクトップの有効化

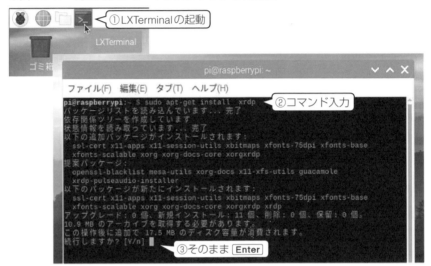

8 日本語入力アプリのインストール

テキストとして日本語が入力できるようにします。表示の日本語化は自動
的に行われていますが、入力はまだできません。これには、次のコマンドで
日本語変換アプリをインストールするだけです。

```
sudo apt-get install scim-anthy↵
```

途中でY/Nを聞かれますがYとして先に進めます。

以上でRaspbianのインストールがすべて終了です。この先はパソコンから
リモートですべて実行するので、いったんラズパイを終了して電源が切れる
ようにします。このためには図2-2-17と同じようにLXTerminalの画面で次の
ようにコマンドを入力して「シャットダウン*」します。

プログラムをすべて終
了して電源がオフでき
る状態にすること。

sudo：管理者権限で
実行するという意味
shutdown：シャット
ダウンで終了する
now：すぐにという意
味

```
sudo shutdown now↵                                                      *
```

これでラズパイが終了動作を開始するので、緑色のLEDが何回か点滅し消
えた状態になったら電源を切ることができます。

電源を切ったら、ディスプレイ、キーボード、マウスは外してしまいましょ
う。以降で必要なのは電源だけです。

2-3 リモートデスクトップ接続

2-3-1 リモートデスクトップ接続

ラズパイとパソコンをWi-Fiで接続し、ラズパイのデスクトップ画面と同じ画面をパソコン側で表示させ、すべての操作をパソコン上で行うことができます。このために必要なのはパソコン側の「**リモートデスクトップ接続**」というアプリです。ラズパイ側はインストール時にxrdp*というアプリをインストール済みですので、そのまま起動するだけです。シャットダウン後に再度起動するには、電源ケーブルを一度抜き、再度挿入するかスイッチをオンとします。

Windows 10には「**リモートデスクトップ**」という同じ名前のアプリがあるので間違えないようにしてください。アイコンが異なるので区別できます。

ラズパイをリモートデスクトップ化するためのアプリ、X Window Remote Desk Topの略。

■ リモートデスクトップ接続の起動

リモートデスクトップ接続の起動は、Windows側で図2-3-1のようにします。

● 図2-3-1　リモートデスクトップ接続の起動

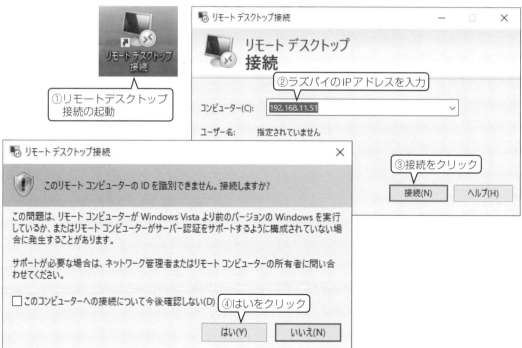

31

まず①「リモートデスクトップ接続」のアイコンか、スタートメニューからアプリを起動します。これで開くダイアログで②先にメモっておいたラズパイのIPアドレスを入力してから③の接続ボタンをクリックします。

ちょっと待つと確認ダイアログが表示されますから、④はいをクリックします。

❷名前とパスワードの入力

これで接続が完了すると図2-3-2のように名前とパスワードの入力ダイアログになります。ここで、①名前は「pi」で固定になっています。次のパスワードは、②Raspbianのインストール時に設定したパスワードとなります。これらの入力後、③OKをクリックすれば接続開始となります。

●図2-3-2　パスワードの入力

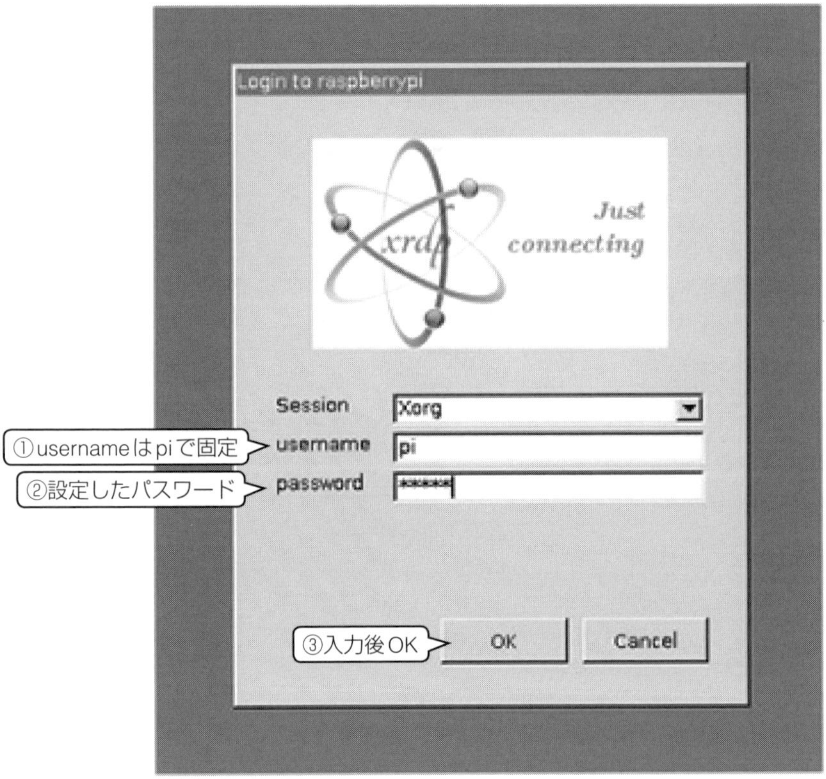

これで正常に受け付けられると、図2-3-3のようなラズパイのデスクトップ画面がパソコンのディスプレイに表示されます。以降はこの画面だけですべての操作ができます。このときラズパイ側に接続が必要なのはACアダプタからの電源だけになるので、非常にすっきりとした環境で使うことができます。

●図2-3-3　リモートデスクトップ画面

2-3-2 プログラムの更新

ラズパイのOSもWindowsと同じように最新の状態にするため、ときどき更新作業をする必要があります。更新のタイミングは新たなアプリをインストールする前に行うようにします。

この作業の手順は図2-3-4のようにします。

❶LXTerminalを起動

> Windowsのコマンドプロンプトに相当。

コマンドを入力するためのターミナルアプリ*を起動（2-2-4の[7]参照）します。

❷更新情報の入手

次のコマンドを実行して最新の情報を入手します。

```
sudo apt-get update↵
```

❸更新の実行

次のコマンドを実行して実際の更新を実行します。

```
sudo apt-get upgrade↵
```

途中で「続行しますか？」と表示されたら Enter で更新が開始されます。この更新にはかなりの時間がかかることがあります。

●図2-3-4　OSの更新

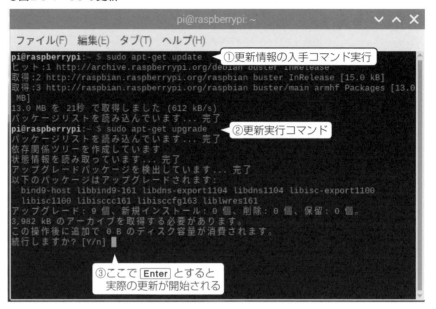

2-4 外部インターフェースの有効化

ラズパイに標準で接続できるようになっているデバイスや接続インターフェースのこと。

ラズパイにはいくつかの標準の外部インターフェース*が用意されています。ここではこれらのインターフェースで、本書で使うものを有効化します。どの製作例にもすべて必要というわけではないのですが、本書ではすべて同じ設定とします。

設定にはリモートデスクトップ接続で図2-4-1のようにメニューアイコンをクリックして [設定] から [Raspberry Piの設定] を選択します。

●図2-4-1　メニューから設定を選択

これで図2-4-2のダイアログが開くので、①でインターフェースタブを選択します。

35

Serial Consoleは
チェックを入れても入
れなくてもどちらでも
OK。

このあとは、図のように②カメラ、SPI、I2C、Serial Port、1-Wireの有効に
チェックを入れたら*③OKをクリックします。

これで再起動を要求するダイアログが表示されるので、④[はい]を選択し
て再起動します。これで設定したインターフェースが使えるようになります。

●図2-4-2　外部インターフェースの有効化

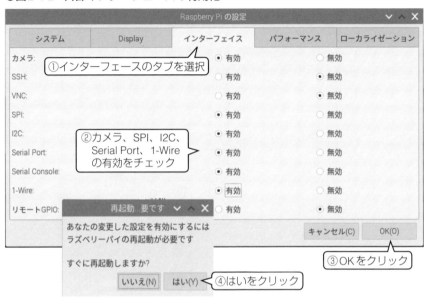

ここで使うインターフェースは表2-4-1のようなものです。カメラ以外は拡
張ヘッダにそれぞれ専用のピンがあります。

▼表2-4-1　有効化するインターフェース

ZEROと3B/3B+で　コ
ネクタが異なるので注
意。

インターフェース	概要
カメラ	ラズパイ専用のカメラで、カメラ用コネクタ*に装着して使う
SPI	Serial Peripheral Interface。3線または4線で高速なシリアル信号で外部機器と接続できるインターフェース。ADコンバータICなどに使う
I2C	Inter-Integrated Circuit。2本の線で複数の外部機器と接続できるインターフェース。複合センサICなどに使う
Serial Port	パソコンなどと通信できる標準的なシリアル通信用インターフェース
1-Wire	1線で通信できるインターフェースで温度センサなどの接続に使う

2-5 IPアドレスの固定化

2-5-1 IPアドレスの固定化とは

本書ではすべてNode-REDでプログラム製作を行います。このときパソコンのブラウザで編集作業を行いますが、このときのURLを次のようにIPアドレスで指定することになります。

＜ラズパイのIPアドレス＞:1880

これをDHCP機能という。
DHCP：Dynamic Host Configuration Protocol

しかし、通常はWi-Fiルータが勝手にアドレスを割り振り*ますから、いつも同じアドレスになるとは限りません。

IPアドレスがわかっていないとNode-REDをすぐ開けないので、ここではIPアドレスを強制的に固定化することにします。すべて同じアドレスにすると面倒になるので、本書の作例は次のように個別に割り付ける*ことにしました。

割り付けるアドレスは読者のWi-Fiルータのアドレスに変更されたい。

- データロガー　　　　　　192.168.11.50
- メータ表示の温度計　　　192.168.11.51
- インターネットラジオ　　192.168.11.52
- 環境情報表示板　　　　　192.168.11.53
- リモートカメラ　　　　　192.168.11.54
- リモコンカー　　　　　　192.168.11.55
- LEDディスプレイ　　　　　102.168.11.56
- 各種例題用　　　　　　　192.168.11.57

2-5-2 IPアドレス固定化の手順

IPアドレス固定化にはDHCP関連のファイルに追記をします。まず次のコマンドでnanoエディタ*を使ってファイルを開きます。

```
sudo nano /etc/dhcpcd.conf↵
```

Linuxに標準搭載の最も簡易なエディタ。

これで開いたエディタ画面の最後に、次のように追加します。筆者が使っているWi-Fiルータ本体のアドレスが「192.168.11.1」で、DHCPのアドレス割り付けが「192.168.11.2」から「192.168.11.68」までとなっているので、xx部分*は、その範囲のアドレスとすることにしました。ここは範囲外*でも問題ありません。このIPアドレスは読者のWi-Fiルータのアドレスに変更してください。最後のドメインサーバのアドレスはルータアドレスと同じとします。

xxを50から57でそれぞれのラズパイに設定している。

範囲外の方が他機器と重なる心配がない。

```
interface wlan0
static ip_address=192.168.11.xx/24
static routers=192.168.11.1
static domain_name_servers=192.168.11.1
```

これを追記したら、Ctrl + O を押すと書き込むファイルが表示されるので、Enter を押すと「〇〇行を書き込みました」と表示されます。Ctrl + X で*終了すれば完了です。

これで次回起動時からIPアドレスが指定アドレスに変更されます。

nanoエディタのコマンド。

第3章

とりあえずNode-RED を使ってみよう

ラズパイの準備ができたら、即Node-REDを使って何か動かしてみましょう。とりあえずはLEDを点滅させる「Lチカ」からです。

3-1 ハードウェアの準備

早速実際にラズパイにLEDを接続するためのハードウェアを製作して
Node-REDで動作させてみましょう。まず「Lチカ」からです。製作するハードウェ
アはブレッドボードで組み立てることにし、写真3-1-1のように市販のコネク
タ付きケーブルでラズパイ*の拡張ヘッダの1ピン側 (2列の内側の列の端) に
接続します。

ラズパイは3B/3B+/
ZEROいずれでもよい。
拡張ヘッダは同じ。

●写真3-1-1　製作したLEDのハードウェア

3-1-1　ラズパイの拡張ヘッダの使い方

LEDなどを外部に接続するために使うラズパイの拡張ヘッダの位置やピン
配置と信号は図3-1-1のようになっています。ピン配置は3B/3B+やZEROの
モデルによって変わることはなく、全く同じピン配置となっています。

GPIO
General Purpose Input
Output
（汎用入出力）

このピンを「GPIO*」と呼んでいます。ピンを指定する場合、物理的なヘッ
ダピンのピン番号 (図のPin#) で指定する場合と、プロセッサの入出力ピン配
置で決められたGPIO番号 (GPIO2~GPIO27) とがあります。図3-1-1のピン
名称で括弧内に記述されている信号名は、外部インターフェースとして使う
ときの信号名になります。

●図3-1-1　ラズパイの拡張ヘッダ

a) 3B/3B+の場合

拡張ヘッダ

b) Zeroの場合

拡張ヘッダ

コネクタ ピン番号	BCM番号			BCM番号	コネクタ ピン番号
01	3.3V DC Power	■		DC Power 5V	02
03	GPIO02(SDA1,I2C)			DC Power 5V	04
05	GPIO03(SCL1,I2C)		■	Ground	06
07	GPIO04(GPIO_GCLK)			(TXD0) GPIO14	08
09	Ground	■		(RXD0) GPIO15	10
11	GPIO17(GPIO_GEN0)			(GPIO_GEN1)GPIO18	12
13	GPIO27(GPIO_GEN2)		■	Ground	14
15	GPIO22(GPIO_GEN3)			(GPIO_GEN4)GPIO23	16
17	3.3V DC Power	■		(GPIO_GEN5)GPIO24	18
19	GPIO10(SPI_MOSI)		■	Ground	20
21	GPIO09(SPI_MISO)			(GPIO_GEN6)GPIO25	22
23	GPIO11(SPI_CLK)			(SPI_CE0_N)GPIO08	24
25	Ground	■		(SPI_CE1_N)GPIO07	26
27	ID_SD(I2C ID EEPROM)			(I2C ID EEPROM) ID_SC	28
29	GPIO05		■	Ground	30
31	GPIO06			GPIO12	32
33	GPIO13		■	Ground	34
35	GPIO19			GPIO16	36
37	GPIO26			GPIO20	38
39	Ground	■		GPIO21	40

このGPIOピンを使う場合の電気的な条件は表3-1-1のようになっているので、この範囲で使うようにする必要があります。特にLEDなどを直接接続する場合、供給電流が制限※を超えないようにする必要があります。超えてもすぐ壊れるわけではありませんが、プロセッサの寿命に影響します。**もちろんモータなど大電流を必要とするものは、ラズパイのGPIOに直接接続することはできません。**

※制限はピンごとと合計とがある。

▼表3-1-1　ラズパイのGPIOの電気的条件

項　目		電圧条件	電流条件	備　考
出力	Low	0.2V以下	17mA以下	合計電流が50mA以下
	High	2.5V以上	16mA以下	
入力	Low	0.8V以下		
	（不定）	0.8V～1.3V		
	High	1.3V以上		
	内蔵プルアップ	50kΩ～65kΩ		

Node-REDで初期状態を変更することができる。

また電源オン後のGPIOのLow/Highの状態は下記のようになっています。HighとなっているピンをLEDの接続に使うと初期状態*で点灯になります。

- GPIO2 〜 GPIO8　　　High
- GPIO9 〜 GPIO27　　Low

3-1-2 ハードウェアの製作

電源があるとき点灯する。

製作するハードウェアの回路図は図3-1-2のようにすることにします。1個のフルカラーのLEDと1個のスイッチを接続する回路です。ついでに電源ランプ*の代わりのLEDも追加しています。フルカラー LEDは内部がRGB（赤、緑、青）の3つのLEDに分かれているので、3個のLEDを接続するのと同じことになります。

●図3-1-2　製作するハードウェアの回路

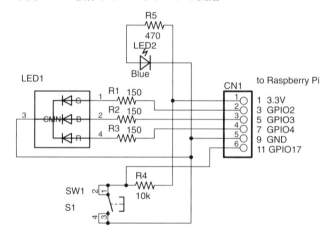

■1部品

必要な部品は表3-1-2のようになります。部品の入手先はすべて秋月電子通商で可能です。

▼表3-1-2　部品表

部品番号	品　名	型番・仕様（入手先：秋月電子通商）	数量
LED1	フルカラー LED	OSTA5131A 5mmLED用拡散キャップ	各1
LED2	青色LED	OSB56A3131A	1
CN1	ピンヘッダ	両端ロングピンヘッダ　6P	1
R1,R2,R3	抵抗	150Ω　1/6W or 1/4W	3
R4	抵抗	10kΩ　1/6W or 1/4W	1

部品番号	品　名	型番・仕様（入手先：秋月電子通商）	数量
R5	抵抗	470Ω　1/6W or 1/4W	1
SW1	タクトスイッチ	基板用タクトスイッチ　青	1
	ブレッドボード	EIC-801	1
	線材	ブレッドボードジャンパワイヤ　14種×10本	1
	接続ケーブル	コネクタ付きケーブル　1x6Pメス/1x6Pメス	1

3

とりあえずNode-REDを使ってみよう

2 回路定数

　次に回路定数の設計です。どのLEDにも電流を制限するための抵抗が直列に挿入されています。この抵抗で、GPIOに流れる電流を16mA以下、余裕をみて8mA以下にします。フルカラーのLED1そのものは20mAが推奨値となっていますが、数mＡで十分光るので8mAでも問題はありません。

　この抵抗の値は図3-1-3のようにして**オームの法則***で求めます。まず個々のLEDに加わる電圧はGPIOの出力電圧なので、最大は電源電圧の3.3Vになります。次にLEDに電流を流すとほぼ一定の電圧降下が起きます。これを順方向電圧*(Vf)と呼んでいますが、LEDの色によって電圧値が異なります。

　3.3VからこのVfを引き算した電圧が抵抗の両端に加わる電圧ですから、8mA流したときにこの電圧だけ降下する抵抗値を求めればよいことになります。計算はオームの法則*に従って次の式で計算できます。

$$抵抗値（kΩ）=（3.3V-Vf）÷8mA$$

電流＝電圧÷抵抗

ダイオードに電流が流れる向きに電圧を加えたときに発生する電圧降下で、電流にかかわらずほぼ一定の値となる。LEDの場合ダイオードを構成する材料により異なる電圧となる。

E = IR

●図3-1-3　LED用抵抗値の求め方

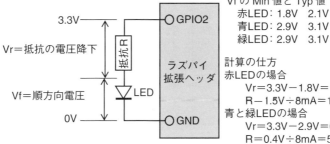

　Vfに最小値を使って求めた結果、標準抵抗値*で近いものを選択すると図のように赤で180Ωか200Ω、青と緑は51Ωとなります。

E24系列という標準抵抗値がある。

　計算上はこのような値になりますが、人間の眼は明るい光の強さはあまり差が感じられないので、実際にはこの値に近い抵抗値であれば少々異なっても問題はありません。本書では3色とも同じ150Ωとしました。

　電源ランプの代用の青色のLED2は、光っていることがわかればよいので470Ωという大き目の抵抗値として電流を少なめ*にしています。

(3.3－2.8)÷470≒1mA

次にスイッチの回路ですが、これをわかりやすく描くと図3-1-4 (a)のようになります。

データシートでは5uA
以下。

スイッチがオフの時は図3-1-4 (b)と同じ回路になり、3.3VからGPIO17ピンにわずかな電流が流れますがμAオーダー*ですので、ほとんど電圧降下がありません。したがってほぼ3.3VがそのままGPIO17ピンの電圧となります。これで表3-1-1のように1.3V以上ですから、GPIO17ピンの入力は論理「1」と判定されます。

スイッチがオンの時は図3-1-4 (c)と同じ回路になり、抵抗経由で3.3Vピンからスイッチを通過してGNDピンへ電流が流れますが、スイッチがオンの抵抗値はほぼ0Ωですから電圧降下は無く、GPIO17ピンの電圧は0Vとなります。これでGPIO17ピンの入力は論理「0」となります。こうしてスイッチのオンとオフが論理「0」と「1」で区別できることになります。

このときスイッチに流れる電流は3.3V÷Rとなります。必要以上に電流を流す必要は無いので1mA以下になるように抵抗値を決めます。図3-1-2では10kΩにしたので電流値は330μAということになります。このように抵抗値は数kΩから数10kΩの間であれば適当な値で構いませんが、あまり大きな値とすると電流値が少なくなりすぎて、スイッチ接点の金属酸化*による接触不良を起こすことがあります。またスイッチとラズパイとの距離が離れる場合には、多めの電流とした方がノイズに強く*なります。

接点が金属だと表面に
酸化膜が生成されるが
通常はスイッチ押下に
よる摩擦や電流により
酸化膜が除去される。

電流が多めだとイン
ピーダンスが低くなり
ノイズに強くなる。

● 図3-1-4　スイッチ回路の動作

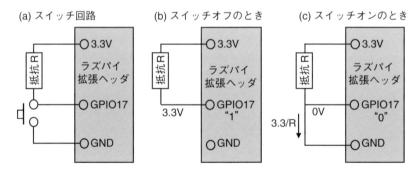

(a) スイッチ回路　　(b) スイッチオフのとき　　(c) スイッチオンのとき

❸ 組み立て

回路設計ができたらブレッドボードで組み立てます。ブレッドボードの組み立てには、図3-1-5のようにあらかじめ適当な長さで折り曲げられた線材を使い、抵抗やコンデンサの部品は、リード線*をブレッドボードに合うよう1.5cm程度の長さに切断し、適当な間隔で直角に曲げて使います。またLEDやスイッチには極性や向きがあるので注意してください。スイッチの足はペンチなどでまっすぐに伸ばしてブレッドボードに挿入します。

部品から出ている接続
用のはんだメッキ銅
線。

●図3-1-5 ブレッドボード用の部品

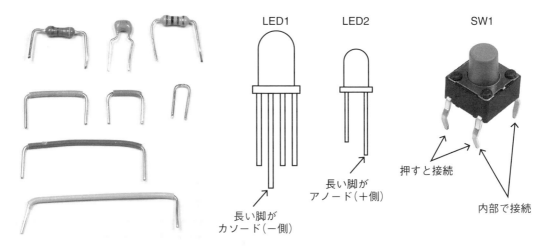

図3-1-2の回路をブレッドボードに組み込んだところが図3-1-6となります。フルカラーのLEDは光ると非常にまぶしいので、拡散キャップを被せておきます。これで色も適度に混ざった色として見ることができます。

このブレッドボードとラズパイの拡張ヘッダとは、写真3-1-1のように6ピンのコネクタ付きケーブルで接続します。拡張ヘッダの1ピン側の1列に接続しています。

●図3-1-6 製作例（カラー写真は口絵に掲載）

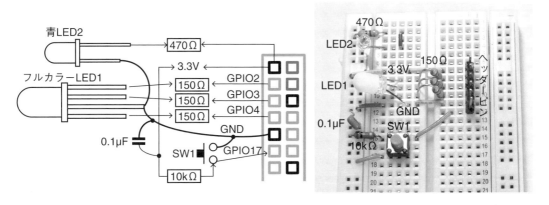

以上でNode-REDを試すためのハードウェアが完成しました。それでは実際に動作させてみましょう。

3-2 Node-REDの基礎

3-2-1 Node-REDの起動停止方法

本書ではすべてリモートデスクトップ接続でほとんどの操作をパソコンで実行する。

リモートデスクトップの画面のメニュー。

ラズパイでNode-REDを起動する方法にはいくつかありますが、まずはラズパイの電源を入れて起動し、パソコンのリモートデスクトップ接続*でラズパイのデスクトップを開きます。

最初の方法は、ラズパイのメニュー*から起動する方法で、メニューに登録する作業から行います。図3-2-1で、①メニューアイコンをクリックし、②設定を選択し、③Recommended Softwareをクリックします。これで開く右上のダイアログで④Node-REDを選択してから⑤Applyボタンをクリックします。これで、Node-REDが自動的に組み込まれ、プログラミングのメニューに追加されますから再度メニューを選択し、⑥のようにNode-REDを選択すれば起動します。

●図3-2-1 メニューにNode-REDを追加する

もう1つの方法はLXTerminalからコマンドで起動する方法で、図3-2-1の方法でNode-REDを追加したあと、下記のコマンドを実行*します。いったんNode-REDを追加すれば後はいつでもコマンドでの実行が可能です。

コマンドの実行はすべてLXTerminalで行う。

```
node-red-start ↵
```

いずれの方法でもNode-Redが起動すると図3-2-2のようにメッセージが出力されます。最後に「実行中です」のメッセージが表示された時点で起動されています。この表示窓をプロンプト*に戻したいときは、Ctrl + C を入力します。

緑色のメッセージ行、コマンド入力待ち。

● **図3-2-2 Node-REDの起動メッセージ**

また、ラズパイ起動時に自動的にNode-REDを開始させたいときは、下記コマンドを実行します。これで次回の起動時から自動開始します。この場合もNode-REDを図3-2-1の方法で追加しておくことが必要です。

```
sudo systemctl enable nodered.service ↵
```

また、いったん実行させたNode-REDを停止させたい場合には、次のコマンドを実行します。

```
node-red-stop ↵
```

さらに起動時の自動起動を解除する場合には下記コマンドを実行します。

```
sudo systemctl disable nodered.service.↵
```

これらのコマンドでNode-REDを起動したり、停止させたりすることができます。

3-2-2 Node-REDの開発用画面

Node-REDを使って開発するときには、パソコンのブラウザ（Google Chromeが標準ブラウザ）から下記のURLアドレスを開きます。

製作例により50から
57まで変わる。

ラズパイのIPアドレス:1880 （本書では、192.186.11.5x*:1880となる）

0〜1023：
Well Known Portで
固定的
1024〜49151：
登録済
49152〜65535：
自由に使える

この1880はポート番号*と呼ばれ、Node-RED用の標準ポートとして定義されています。これで開くと図3-2-3のように「パレット」「ワークスペース」「ノード情報窓、デバッグ窓*」という3つの窓で構成された開発用画面が開いて準備完了となります。

サイドペインとも呼ばれる。

●図3-2-3　Node-REDの開発画面例

48

3-2-3 ノードとフロー

ノードとフローの関係ですが、「**ノード**」は1つの処理をする箱で、Node-REDにはあらかじめさまざまな機能を実現できる便利なノードが用意されています。それ以外にもコミュニティや個人が作成したノードが多数公開されていて、必要に応じて追加で組み込んで*使うことができます。

3-6節　パレットの管理を参照。

ノードは図3-2-4のように表されます。中央には処理内容を示す名前が付与されていますが、この名前はノードの設定により自由に書き換えることができます。ノードには入力と出力がありますが、あらかじめ決められた入出力処理がある場合には、その処理を表現した図形で表されています。処理が決まっていない場合には入力端子、出力端子の図で表されています。

正確にはメッセージオブジェクトで、この内容によりフローの処理が進行する。

入力の条件により処理を分岐させるような場合、出力端子が複数できることもあります。これらのノードの端子間を接続すると、出力端子から入力端子にメッセージ*が渡されます。

●図3-2-4　ノードの記号

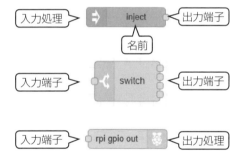

このノードのいくつかを線で接続して一連の処理にしたものが「**フロー**」となります。このフローは左上から右下に向かって順次流れていきます。この流れていくときにノード間には「**メッセージオブジェクト***」と呼ばれるデータが受け渡されていきます。このオブジェクトの中身によって処理内容が決まっていくようになっています。

ここではデータの集まりと考えるとわかりやすい。

独立した複数のフロー*がある場合には、並列に処理されます。全く同時並列ではなく、LinuxのOSのコントロールの元で切り替わりながら実行されます。

同じワークスペース上にあるもののみが実行される。

このフローの実行速度ですが、感覚的に0.1秒*が繰り返しの最高速度です。これ以上の繰り返し速度とすると、その処理だけにラズパイの能力が占有されてしまって、他の処理を実行する余裕が無くなってしまいます。

感覚的な数値で、ラズパイのモデルによって異なる。ここでは3B/3B+の場合で、ZEROの場合は0.5秒程度となってしまう。

実際のフローの例が図3-2-5となります。この例では、4つのフローが独立になっていて、それぞれが独立に並列に機能を実行します。

動画を常時配信する機能。

Node-REDで制御されるブラウザを使った表示操作画面のこと。

マウス操作で値を連続的に可変できるガジェット。

　一番上のフローは単独のノードだけで構成されていますが、処理はストリーミング画像*をNode-REDのユーザーインターフェース画面（UI画面）*に常時表示する機能を果たします。

　2番目と3番目のフローは、UI画面に表示されているスライダ*を操作すると、それがトリガとなって動作を実行し、GPIOに接続されたサーボモータを制御します。

　一番下のフローは、GPIOに接続したスイッチを押したときか、UI画面内のボタンをクリックしたとき、それがトリガとなってラズパイのシャットダウン制御を実行します。

　このように独立した複数のフローは、常時並列に動作したり、何らかのトリガにより起動されたりして動作を開始します。

●図3-2-5　フローの例

3-3 フローの作成方法

3-3-1 実際の例でフロー作成

実際の例でフローを作成してみましょう。3-1節で製作したLEDのハードウェアを使って、LEDを点灯したり消灯したりしてみます。

LEDを制御できるノードはGPIOの出力ノードですので、図3-3-1のように①パレットの中から「rpi gpio out」というノードを選択してワークスペースにドラッグドロップします。このGPIOのノードを②ダブルクリックすると図のようにノードの「プロパティ」*の設定窓が開くので、③GPIO4を指定し、④デジタル出力を選択、⑤初期値をLowにし、⑥「赤LED」という名前を設定して⑦完了クリックで設定終了です。

property：各ノードが持っている特性。

これで、このノードに「0」というデータを渡すとGPIOの出力がLowになり赤LEDが消灯し、「1」を渡すと出力がHighになり赤LEDが点灯します。

●図3-3-1 GPIOノードの設定

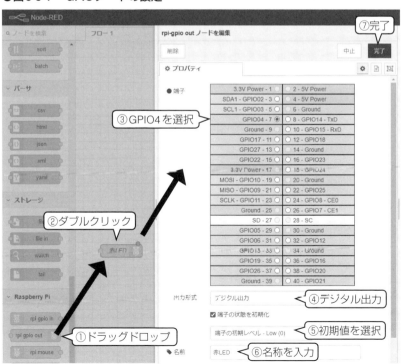

51

次にこの「0」か「1」を渡すノードを追加します。図3-3-2のように①パレットから「inject」というノードを2つドラッグドロップします。そして片方のinjectのノードを②ダブルクリックして設定窓を開きます。プロパティ設定窓で、③文字または数値*の「0」を設定、④名称に「0を出力」と入力後、⑤完了クリックで設定終了です。もう1つのinjectノードも同じように設定して「1」を出力するようにします。

本来は数値で入力だが、文字でも数値でも自動判定する。後述するgpiodのノードは数値に限定。

●図3-3-2 injectノードの設定

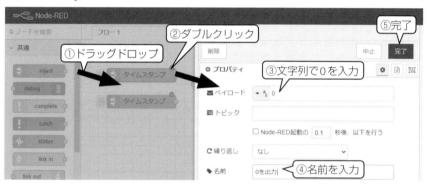

次にこれらのノードの出力と入力を線で接続します。図3-3-3のように①injectの出力端子でマウスクリックし、②そのままドラッグし、③GPIOのノードの入力端子でクリックすれば線が接続されデータが渡されるようになります。複数の出力が入力に接続されても構いません。逆に1つの出力を複数の入力に接続しても問題なく動作します。

●図3-3-3 ノード間を接続

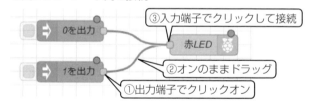

deploy：展開する、使える状態にする、配備するという意味。

これでフロー作成が完了したので、図3-3-4のように①［デプロイ*］ボタンをクリックします。これで②のようにデプロイの正常完了メッセージが出力されれば完了です。これで図3-3-3のようにノード作成時にノードの上側に表示されていた青色のドットが消え、赤LEDのノードの下には緑のドットが追加され現在状態が表示されます。

ノード設定に何らかのミスがあると、窓の上側にエラーメッセージが出力され、ノードに赤丸か黄色三角が付きますから、再度設定を見直してデプロイをし直します。

●図3-3-4　デプロイの実行

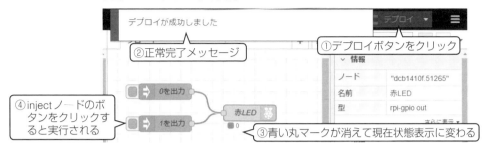

デプロイが成功しました

②正常完了メッセージ

①デプロイボタンをクリック

④injectノードのボ
タンをクリックす
ると実行される

0を出力

1を出力

赤LED

> 情報

ノード	"dcb1410f.51265"
名前	赤LED
型	rpi-gpio out

③青い丸マークが消えて現在状態表示に変わる

ノードの左端にある四
角の図の部分のこと。

青と緑のLEDは電源
オンで点灯したままに
なるので常時シアンの
色で点灯している。こ
こに赤の点灯が混ざる
とやや赤みがかった白
色に近い色になる（赤
色の電流が多く強く光
るのでこうなる）。

　実は、これでもうプログラムが動作を開始しています。図3-3-4の④「1を
出力」のinjectノードのボタン*をクリックすると赤LEDが点灯*するはずです。
さらに「0を出力」のinjectノードのボタンをクリックすれば赤LEDが消灯し
ます。これだけのノードとその設定だけでプログラムが完成しています。こ
れがNode-REDの実力です。
　いったんフローを作成しデプロイすると記憶されるので、次にNode-RED
を起動したとき、自動的にこのフローが実行されます。

3-3-2　LEDを点滅させるフロー作成

　今度はLEDを一定時間間隔で点滅させてみましょう。新たなフローを作成
するため、ワークスペースの［＋］マークをクリックしてフロー2を作成しま
す。前例と同じように「rpi gpio out」で赤LEDのプロパティ設定をします。さ
らに「rpi gpio out」のノードを2個追加して初期値を0にするようにして青と緑
のLED*を消灯状態とします。
　次にinjectノードを追加し、今度は図3-3-5のように設定を1秒という一定
間隔で文字または数値の1を出力するようにします。

GPIO5とGPIO7を設
定する。

●図3-3-5　injectノードの設定

遅延か間引きをする
ノード。

　次にdelay*ノードを追加し、図3-3-6のようにプロパティの設定をします。これでメッセージ入力が入ってから0.5秒待ってから次のノードにメッセージを転送します。つまり0.5秒の遅延を挿入することになります。

●図3-3-6　delayノードの設定

payloadに代入、置換、
削除、追加などができ
る多機能なノード。

この場合は、入力は何
でもよい。

　さらにchange*ノードを追加して図3-3-7のようにプロパティを設定します。メッセージ入力*があったら0という文字をpayloadに代入して出力するようにします。

●図3-3-7 changeノードの設定

以上のノードを図3-3-8のように接続します。青と緑のLEDは初期値で0にするだけですので、どこにも接続する必要はありません、これでデプロイ*すれば赤LEDだけが1秒間隔で点滅を繰り返します。赤LEDのノードの下には、入力されたデータが常時表示されるので、0.5秒間隔で0と1が交互に表示されます。

デプロイしないと実行されない。

●図3-3-8 ノード間を接続しデプロイ

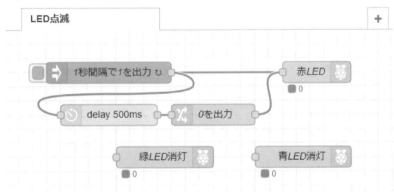

この例題の場合も、全くプログラミングと呼ばれるような記述をすることはありません。すべてNode-REDのノードの設定だけで動作を実現できます。

本書の製作例はこのようにできるだけノードだけで構成し、プログラムのコードを書くことが無いようにしています。

3-4 フローの保存と読み込み

3-4-1 フローの保存

作成したフローを保存する方法です。Node-REDではこれを「書き出し」と呼んでいます。その前にフローの名前を変更しておきます。そのままだとすべて「フロー1」という名前になっているので、このまま保存するとすべて上書きされてしまいます。この手順は図3-4-1のようにします。

①メニュー*をクリックし②フローの［フロー名を変更］をクリックします。これでフローの編集ダイアログが表示されますから、③で名前欄に名称*を入力してから④完了をクリックします。

これで⑤フローのタブの名前が変更されたのを確認してから⑥デプロイ*を実行します。**デプロイをしないと変更が反映されないので、注意してください。**

フローエディタに右上端にある3本線のアイコンがメニューアイコン。

日本語でも問題ない。拡張子はすべてjsonとなる。

デプロイボタンが赤く表示されているときは必要なとき。

●図3-4-1　フローに名前を付ける

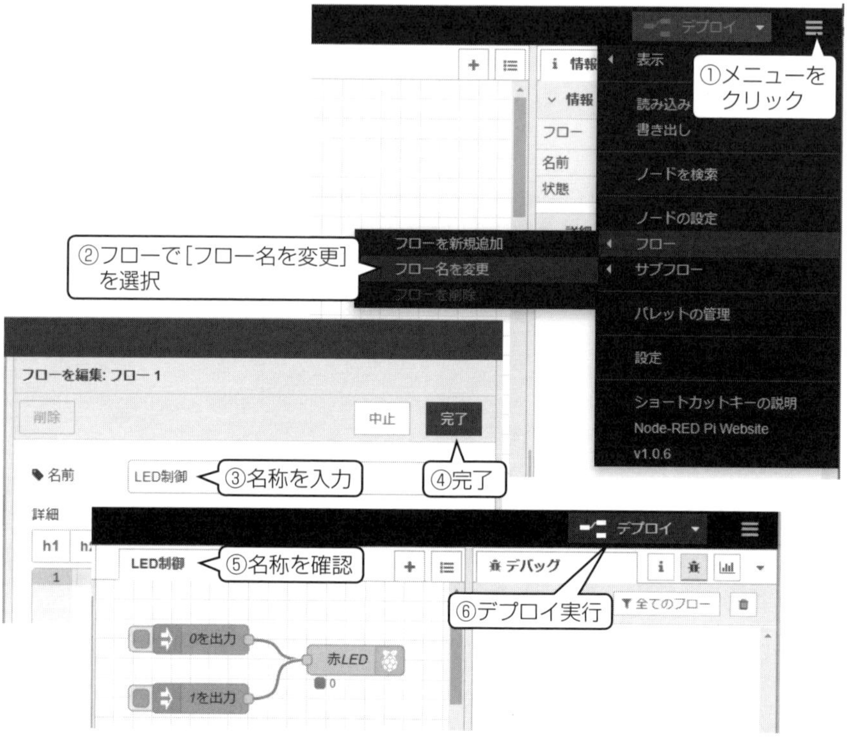

JSON：JavaScript
Object Notation
データを名前（key）と
値（Value）のペアで表
現する形式。
{key1: value1, key2:
value2}

フローの一部が選択さ
れているとその部分だ
けの保存になるので短
い表示になる。

名前が変更できたら保存を開始します。これには図3-4-2のようにします。

①メニューをクリックし、②［書き出し］をクリックします。これで書き出す内容がJSON形式*で表示されます。③ここが極端に少ない表示*になっていないことを確認してから、④［ダウンロード］のボタンをクリックします。

これでファイルダイアログが表示されますから、⑤適当なフォルダを選択してから⑥ファイル名を入力して⑦保存とします。ここでファイル名を変更しないとすべて「flows.json」となり、上書きされてしまいます。

●図3-4-2　フローの保存

3-4-2 フローの読み出し

既存のフローを読み出す手順は図3-4-3のようにします。

●図3-4-3　フローの読み出し

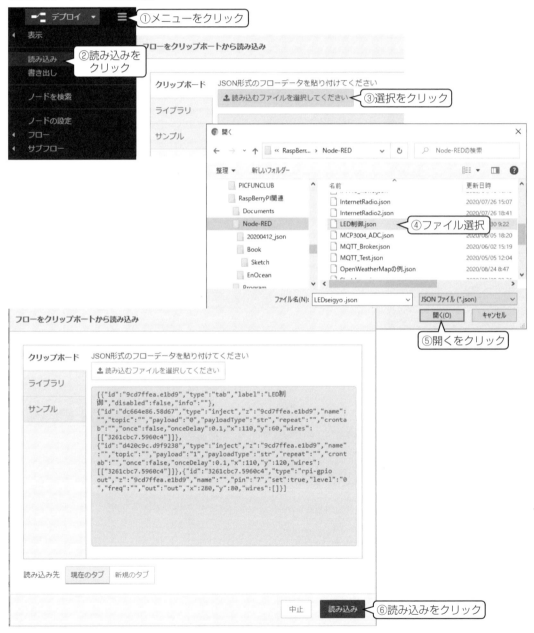

①メニューをクリックし、②[読み込み]をクリックします。開いたダイアログで③ファイルの選択欄をクリックします。これでファイルダイアログが表示されますから、目的のフォルダ内の④ファイルを選択し、⑤[開く]をクリックします。

これによりJSON形式でファイル内容が表示されますから、そのまま⑥[読み込み]ボタンをクリックします。これでワークスペースにフローが展開され表示されます。これを動作させるには[デプロイ]をクリックします。

3-4-3 フローをコピーする方法

ウェブ情報などで、JSON形式で表現されているフローをコピーする方法です。

まず、コピーしたいフローのJSONリストをWindowsのクリップボードにコピーしておきます。

次に図3-4-4の手順でJSONリストをペーストします。①メニューをクリックし、②読み込みをクリックします。これで開くダイアログの中央に、③あらかじめコピーしておいたクリップボードの内容をペーストします。このあと④読み込みのボタンをクリックすれば、フローが表示されます。

●図3-4-4 フローのコピー

3-4-4 ワークスペースのフローページの追加と削除

ワークスペースに新規にフローページを追加したり、余計なフローページを削除したりする方法です。これは図3-4-5の手順で行います。

①メニューをクリックし、②フローを選択すると、新規追加と削除のメニューが表示されますから、③いずれかを選択してクリックします。

削除の場合は現在選択されているフローページが対象になるので、先にページを選択しておく必要があります。

フローページの追加は④のようにワークスペースの右上にある［＋］マークのタブをクリックすることでも追加できます。追加すると名前が「フローn」という名前になり、追加するごとにnが順番に＋1されていきます。

●図3-4-5　フローページの追加と削除

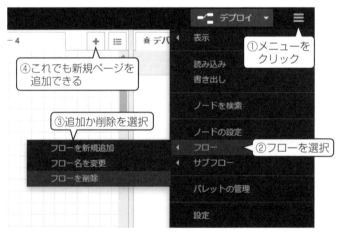

3-5 フローのデバッグとメッセージオブジェクト

3-5-1 debugノード

間違いを探し修正する
作業のこと。

　作成したフローが正常に動作しないような場合、フローのデバッグ*が必要
です。この場合に使うノードがdebugノードで、このdebugノードはノード
間を流れるメッセージの内容を、右側のデバッグ窓に表示する機能を持って
います。

　実際の例で説明します。先に作成したLED制御のフローに図3-5-1のよう
に①debugノードをドラッグドロップして追加し、②「1を出力」のinjectノー
ドの出力端子と線でつなぎます。さらに③右側の窓をデバッグ窓の表示に切
り替えてから、④デプロイします。これでデバッグの準備が完了です。

●図3-5-1　debugノードの追加

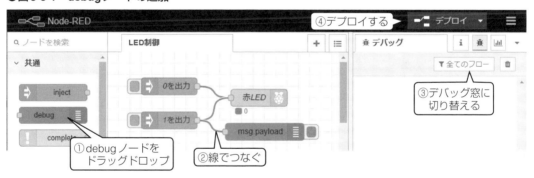

　この状態で「1を出力」のinjectノードのボタンをクリックすると、デバッグ
窓には図3-5-2のように表示されます。

　この表示によると、「msg.payload」に「1」というstring（文字列）が1つ送ら
れたという意味になります。つまり「1」という文字が「赤LED」のノードに送
られたことになります。このノードでは文字と数値は自動的に判定されるので、
赤LEDは1の入力により出力ピンをHighの状態に制御します。

●図3-5-2　メッセージ表示

3-5-2　メッセージオブジェクトの詳細

　ここでもう少し詳しくメッセージの内容を見るため、debugノードをダブルクリックして図3-5-3のように設定変更をします。①で三角印欄をクリックして開くメニューで[msgオブジェクト全体]を選択して③完了とします。さらにデプロイを実行して変更を反映させます。

●図3-5-3　debugノードの設定変更

　このあと、再度injectノードのボタンをクリックしたとき表示されるデバッグメッセージが図3-5-4のようになります。injectボタンを2回クリックしたので、同じ内容が2回分表示されています。そして下側の表示は、三角マークをクリックして表示内容を展開した場合の表示となっています。

ここではデータの集合体という意味。

　Node-REDでは、ノード間はメッセージオブジェクトというオブジェクト*が転送されることで動作しています。ここの表示がこのオブジェクトの中身になります。

●図3-5-4　デバッグメッセージの内容

これによるとオブジェクトは、名称がmsgで、内部は_msgid、topic、payloadという3種のキー名によるJSON形式*となっていることがわかります。

JSON：JavaScript Object Notation データをキー名（key）と値（Value）のペアで表現する形式。(key1: value1, key2: value2)

　ここで実際には_msgidキーとtopicキーは内部で使われる情報で、ノードの動作はpayloadキーに格納されている値が使われます。この例では、payloadには確かに1という文字が格納されています。

　図3-5-2ではこのpayloadを「msg.payload」と表しています。このようにNode-REDでは、JSONの中の特定の1項目を指定する場合、キー名をドットで接続して指定します。

　Nodc REDでは非常に多くのノードがありますが、いずれもこのmsg.payloadを入力し、それらを変更したり、一部を取り出したり、値により切り替えたりすることで一連の動作をするようになっています。

3-6 基本ノードの解説

3-6-1 Node-RED基本ノード

ノードのまとまりをパレットと呼ぶ。

Node-REDの基本ノード*とは、Node-REDをインストールした際にあらかじめ登録されているノードのことです。これ以外に、あとからノードを追加することも自由にできるようになっていますが、とりあえず基本ノードの種類と機能について簡単に解説します。インストール後には図3-6-1のようなノードが用意されています。

●図3-6-1　初期状態で用意されているノード

これらの概略の機能は表3-6-1から表3-6-5のようになっています。実際の使い方の詳細は第5章で解説します。

64

▼表3-6-1　共通ノードの解説

記 号	機能概略
inject	手動もしくは一定間隔でメッセージをフローに注入する。メッセージのペイロードには、文字列、JavaScriptオブジェクト、現在の時刻など、さまざまな値を指定できる
debug	サイドバーの[デバッグ]タブに、選択したメッセージプロパティの値を表示する。デフォルトの表示対象はmsg.payloadだが、指定したプロパティ、メッセージ全体も出力できる
complete	他のノードにおけるメッセージ処理の完了を受けてフローを開始する。複数のノードの指定もできる
catch	同じタブ内のノードが送出したエラーをキャッチする。これでエラー処理を加えることができる
status	同じタブ内のノードのステータスメッセージを取得する。ノードを特定することもできる
link in	フロー間に仮想的なリンクを作成し、他のフローのlink outに接続し直接接続されているように動作する
link out	フロー間に仮想的なリンクを作成し、他のフローのlink inと接続し直接接続されているように動作する
comment	フローにコメントを記述するために利用する。フローの各部の機能をわかりやすくするように使う

▼表3-6-2　機能ノードの解説

記 号	機能概略
function	受信メッセージに対して処理を行うJavaScriptコード（関数の本体）を記述する。ノードだけで対応しきれない処理を追加できる
switch	受信したメッセージに対し、指定されたルールを順に評価し、一致したルールに対応する出力ポートにメッセージを送出する。ルールの数だけ出力ポートが追加される
change	受信したメッセージの指定プロパティに対して、代入、置換、削除、移動を適用する、複数の処理を定義できる。プロパティを新規追加することもできる。多機能なノード
range	数値を異なる範囲の値に変換する。入力が数値以外なら数値に自動変換する
template	テンプレートに基づいてプロパティを設定する。編集パネルでテンプレートを設定する。テンプレートの例：こんにちは{{payload.name}}さん。今日は{{date}}です。
delay	ノードを通過するメッセージを遅延もしくは流量を制限する。遅延時間は固定値、範囲内の乱数値、メッセージ毎の動的な指定値のいずれか。流量制御する場合、メッセージは指定した時間間隔内に分散して送信する
trigger	メッセージを受信すると、別のメッセージの送信を行う。一定時間後に2つ目のメッセージを送信することもできる。これでLEDなどの点滅動作を行うことができる
exec	システムのコマンドを実行し出力を返す。Linuxのシェルコマンドが使えるので、他のアプリや他の言語のプログラムを起動できる。多言語のときはprintf文の出力が出力メッセージとなる
rbe	Report by Exception（例外データの報告）。ノード - ペイロードの値が変化した場合だけデータを送信。不感帯（deadband）モードあり
random	設定した最小値と最大値の間のランダム値を生成し出力する
smooth	指定した回数入力された数値の最大値、最小値、平均値を出力する。またはハイパスまたはローパスフィルタを通した値に変換する

▼表3-6-3　ネットワークノードの解説

Message Queue
Telemetry Transport。
IoT機器に使われる軽
量のメッセージ送信用
プロトコル。5-9-1参
照。

記　号	機能概略
mqtt in	MQTT*ブローカに接続し、指定したトピックのメッセージをサブスクライブ（購読）する
mqtt out	MQTTブローカに接続し、メッセージをパブリッシュ（発行）する
http in	HTTPエンドポイントを作成し、指定したパスと種別でリクエストを待ち受け、HTTPリクエストの本体を出力する
http response	http inノードで受け付けたリクエストに対するレスポンスを送り返す。レスポンスはtemplateノードで作成する
http request	HTTPリクエスト（GET, PUT, POST, PATCH, DELETE）を指定URLに送信し、レスポンスを返す
websocket in	WebSocketにより受信したデータをメッセージ出力する。JSON形式の文字列を受け付けると、オブジェクトへ変換して出力する
websocket out	入力されたメッセージをWebSocket経由で送信する。WebSocket inノードからのメッセージの場合は、フローを起動したクライアントに返送する。その他の場合はブロードキャストする
tcp in	TCPからの入力を行う。リモートTCPポートに接続するか、外部からのコネクションを受け付ける
tcp out	TCPへの出力を行う。リモートTCPポートへ接続、外部からのコネクションを受け付け、tcp inノードで受け付けたメッセージへのリプライを行う
tcp request	メッセージを指定サーバのTCPポートに送信し、レスポンスを待つ。レスポンスをメッセージとして出力
udp in	指定したIPアドレスとポートからUDPで受信したデータをメッセージとして出力
udp out	入力メッセージを指定されたUDPのホストのポートに送信する。マルチキャストをサポートする
serial in	シリアルポートから受信し、メッセージとして出力する。受信は指定文字受信か指定文字数受信かタイムアウトで完了する
serial out	入力メッセージをシリアルポートに出力する。改行コードを付加することもできる
serial request	シリアルポートでハンドシェイク*を行う場合に使う。Serial inとSerial outを組み合わせて使う
ping	ホスト名かIPアドレスで指定した相手にpingを送信し、ラウンドトリップタイムをミリ秒でメッセージとして出力する。応答なしの場合はfalseを出力する

通信の信頼性確保のた
め、「データ送信中」
「データ受信完了」な
どの信号を送り合うこ
と。

3

とりあえずNode-REDを使ってみよう

▼表3-6-4 出力、シーケンス、パーサノードの解説

記 号	機能概略
play audio	ブラウザ上で音声を再生する。通常はwav形式のファイルを入力とするが、ブラウザがText-to-Speechをサポートしていればテキストを入力とすることもできる
split	メッセージをメッセージ列に分割する。指定文字、文字数で分割。配列は要素ごとに、オブジェクトはキーごとに分割する
join	メッセージ列を結合して1つのメッセージにする。splitと逆に結合、指定した方法で結合、集約などの方法がある
sort	メッセージ列もしくは配列型のペイロードの並べ替えを行って出力する。ソートキーはプロパティが指定できる
batch	指定したルールによりメッセージ列を生成する。メッセージ数、指定間隔内、プロパティなどで結合して出力する
csv	CSV形式*の文字列とそのJavaScriptオブジェクト表現（JSON形式）の間で双方向の変換を行う
html	メッセージのHTML*ドキュメントからCSS*セレクタを使用して要素を取り出し出力する
json	JSON文字列とJavaScriptオブジェクトとの間で相互変換を行う。入力が文字列の場合、JSONとして解釈し、JavaScriptオブジェクトに変換する。逆も行う
xml	XML*文字列とJavaScriptオブジェクトとの間で相互変換を行う。入力が文字列の場合、XMLとして解釈し、JavaScriptオブジェクトに変換する。逆も行う
yaml	YAML*形式の文字列とJavaScriptオブジェクトの間で相互変換を行う

カンマで項目を区切った文字列。

ウェブページを作成するための言語。

ウェブページで表示する要素ごとに形式を共通化するためのスタイル記述言語。

マークアップ言語と呼ばれ、特定の構文規則を共通化して任意の言語で使えるようにした。

プログラミング言語でのデータ構造の書き方。

▼表3-6-5 ストレージ、Raspberry Piノードの解説

記 号	機能概略
file	入力メッセージを指定ファイル*に書き出す。書き出しは、ファイルの最後に追記もしくは既存の内容の置き換えを選択できる。この他、ファイルの削除を行うことも可能
file in	指定ファイルの内容を文字列もしくはバイナリバッファとして読み出し出力する
watch	ディレクトリもしくはファイルの変化を検知する。カンマ区切りでディレクトリおよびファイルのリストを指定する。実際に変化したファイルのフルパス名を出力する
tail	設定したファイルの末尾を出力（追加されたデータを監視）する。文字列またはバイナリバッファオブジェクトを出力する
rpi gpio in	Raspberry Piの入力ノード。入力ピンの状態に応じて、0または1の値をメッセージ出力する
rpi gpio out	Raspberry Piの出力ノード。デジタルモードまたはPWMモードで利用できる。デジタルモードは0か1を入力。PWMモードでは0から100の数値を入力とする
rpi mouse	Raspberry Piのマウスボタンノード。USBマウスが必要。マウスのボタンが押された、または離された場合に1または0が出力される
rpi keyboard	Raspberry Piのキーボードを制御するノード。USBキーボードが必要。キーコードが出力される

ラズパイのSDカード内に保存される。

3-7 パレットの管理

3-7-1 パレットの管理とは

図3-2-3を参照。

パレット*とは、Node-REDのノードをまとめた窓のことで、このパレット内のノードを削除したり追加したりする作業を行うことをパレットの管理と呼んでいます。

このパレットの管理は、図3-7-1のように①メインメニューから②［パレットの管理］で起動できます。起動すると図3-7-1右側のような画面となり、組み込み済みのノードを削除したり、④新たなノードを組み込んだりすることができます。

●図3-7-1　パレットの管理画面

3-7-2 新規パレットの追加

　新規にノードを追加する場合には図3-7-2の手順で行います。①［ノードを追加］のタブをクリックすると図のような画面となるので、ここで②追加したいノード名を検索で求めます。例では第4章で使う「dashboard*」を検索しています。

グラフやボタンを描画できるノード群。

　検索結果が表示されたら、③追加したいノード（node-red-dashboard）を選んで④［ノードを追加］のボタンをクリックします。これで画面上側に図の右下の確認ダイアログが表示されますから、⑤［追加］ボタンをクリックすればノードの追加が実行されます。

●図3-7-2　新規ノード追加例

　追加中は図3-7-3のような画面で①のように追加中のアイコンが動き続けます。追加が完了すると上部に②追加したノードの一覧リストが表示されますから、これが表示されるまで他の操作を行わないようにします*。ノードによってはこの表示までに長時間かかるものがあるので、気長に待ちます。

他の処理をするとノードがパレットに追加されない場合がある。ラズパイを再起動すれば追加される。

とりあえずNode-REDを使ってみよう

3

●図3-7-3　ノードの追加

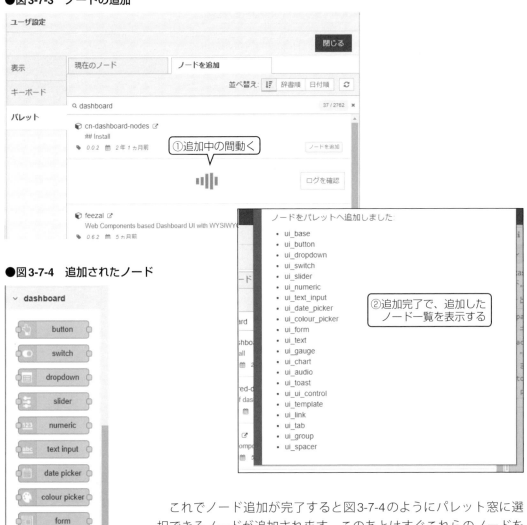

●図3-7-4　追加されたノード

これでノード追加が完了すると図3-7-4のようにパレット窓に選択できるノードが追加されます。このあとはすぐこれらのノードを使うことができます。

3-7-3 ノードの削除

表示されていないフローでも過去に使ったことがあると使用中のまま残っている。

現在のノードから削除する場合には、ちょっと注意が必要です。いずれかのフローで使ったことがあるノードは使用中*となっていて削除ができません。

この場合には、図3-7-5のように、使用中のものを削除してからノードの削除を実行する必要があります。①メニューをクリックし、②ノードの設定をクリック、これで開くダイアログで③すべてのフロー上をクリック後、④全項目をDELキーで削除して⑤のような状態とします。このように使用中のものをすべて削除すればノードの削除が可能になるので、削除ボタンをクリックして削除を実行します。

●図3-7-5　使用中のノードの削除

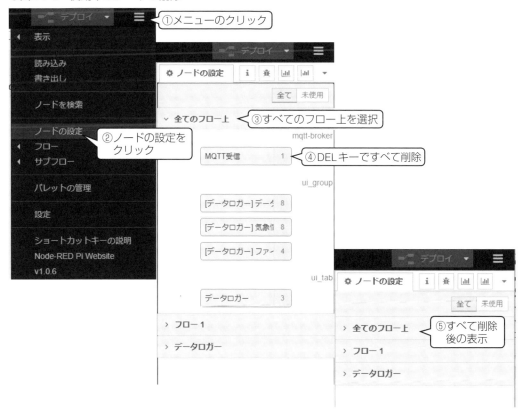

## 第4章

Dashboardの
使い方

Node-REDにはユーザーインターフェース画面（UI画面）を構成するために、強力なノード群が用意されています。本章では、これらのノードの使い方を具体的な例題で説明します。

4-1 Dashboardとは

4-1-1 Dashboardは基本のGUI*表示ツール

GUI：Graphic User
Interface。グラフィッ
クで表示される画面の
こと。

ボタンやグラフなどの
ソフトウェア部品のこ
と。

DashboardはNode-REDに多くの表示操作用のウィジット*を提供するパレットです。Dashboardを追加すると、ノードだけでなく、多機能な操作表示が可能なユーザーインターフェース画面（UI画面）も追加されます。このUI画面は下記のようにURLに「/ui」を追加して指定するか、図4-1-1のようにメニューから表示させることもできます。

IPアドレス：1880/ui

●図4-1-1　UI画面の表示

特定の機能を実行する
プログラムのこと。

これにより製作するフローにUI画面でボタンやグラフを追加することができますから、Node-REDだけで完結するアプリケーション*を作ることが可能になります。

4-1-2 ノード一覧

このパレットの追加方法は、3-7節で解説しましたので省略します。このパレットで追加されるノードは表4-1-1のようになります。

▼表4-1-1 Dashboardで追加されるノード一覧

記 号	機能概略
button	ボタンウィジットを追加する。ボタンをクリックするとpayload*に設定メッセージを出力する。ボタンのデザイン、文字色、背景色も設定できる
dropdown	ドロップダウンの選択ボックスウィジットを追加する。選択肢は自由に追加できる。選択した値が出力される
switch	スイッチウィジットを追加する。オン、オフそれぞれで設定した値を出力する
slider	スライダーウィジットを追加する。min、maxで設定した範囲の値を出力する。幅と長さの設定で水平、垂直を設定できる
numeric	数値入力のウィジットを追加する。min、maxで設定した範囲の値で出力する。値の形式も設定可能
text input	テキスト入力エリアを追加する。単純テキスト、メールアドレス、時間(msec)が可能。遅延後に1文字ずつ出力する。遅延0のときは Tab か Enter で入力テキストを出力する
date picker	カレンダーウィジットを追加する。MM/DD/YYYYで表示する。日付を選択すると数値*でpayloadに出力する
colour picker	色指定のグラフウィジットを追加し、選択した色をRRGGBBの16進数6桁で出力する
form	入力用フォームを追加する。複数の入力欄を設定可能。入力欄の形式はテキスト、数値、メールアドレスなどが可能
text	固定のテキストを追加する。ラベルと値のペアで表示。表示形式を選択できる
gauge	ゲージ形式のウィジットを追加する。min、maxで設定した範囲で、入力数値に応じたゲージ表示をする。ドーナツ、コンパス、レベルなどの表示形式を指定できる
chart	チャートグラフを追加する。指定した時間、プロット数で表示。折れ線、棒、円、レーダなどの表示形式を選択可能
audio out	wavかmp3*の音声再生、ブラウザがText-to-Speech対応ならテキスト読み上げ機能も可能
notification	msg.payloadの内容を警告かOK/Cancelダイアログで表示する。表示時間の指定、ボーダー色、表示位置の指定が可能
ui control	ダッシュボードの動的制御を行う。表示タブの切替制御
template	HTMLコードを出力する。動的にUI画面の変更が可能

ノード間を流れるメッセージデータのこと。

1970年1月1日からのミリ秒の数値。

音楽データのファイル形式のこと、ファイルの拡張子となっている。

4-1-3 UI画面のグループとタブ

Dashboardでウィジット*を配置してプロパティ設定をするとき、最初に設定する項目がグループ名（Group）とタブ名ですが、これがちょっと理解しにくくて戸惑うので最初に説明します。

これらはUI画面の全体のレイアウトの設定になっていて、グループとタブの関係は図4-1-2のようになっています。一番上に**タブ**があり、その中に**グループ**が配置されます。さらに各グループの中に**ウィジット**が配置されます。

ブラウザの画面の横幅。

詳細は4-4節を参照。

グループが複数ある場合は、基本はタブの中に横に配置されます。全体画面*に入りきらない場合は自動的に縦に並ぶこともあります。複数のウィジットは、基本はグループの中に入りきる間は横方向に並びますが、別途レイアウト設定*でサイズ変更や配置変更ができます。

●図4-1-2　ダッシュボードの構成

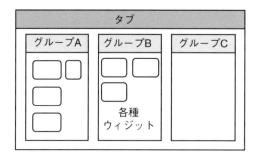

実際のプロパティ設定ダイアログは、例えばbuttonの場合、buttonのウィジットをワークエリアにドラッグドロップしてからダブルクリックすると、図4-1-3のような設定ダイアログが開きます。

この例はまだグループもタブも設定しておらず、最初のタブとグループの設定の場合です。一度設定すると、次からのウィジット設定では自動的にタブとグループの選択肢として表示されます。

設定は次のようにします。図4-1-3で、①Groupのペンのマークをクリックし、新規に開くダイアログで②グループ名（ここでは「最初のグループ」とした）を入力します。さらにタブ名を新規に設定するため、③タブ欄のペンのマークをクリックすると新規に開くダイアログで、④タブ名（ここでは「最初の例題」とした）を入力します。

このあと⑤完了をクリックすると前のダイアログに戻るので、ここでも完了をクリックします。さらに最初のダイアログに戻るので、完了をクリックすると設定が完了します。

●図4-1-3　buttonのプロパティ設定

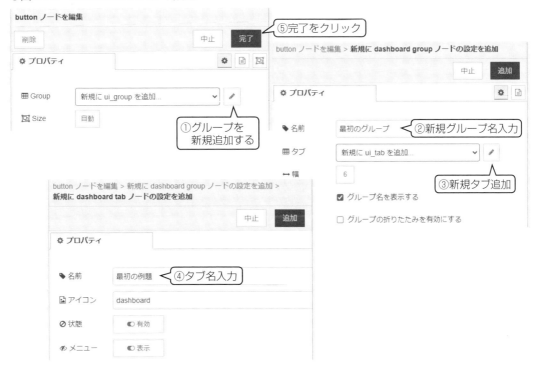

4

Dashboardの使い方

IPアドレス:1880/uiで
確認できる。
あらかじめ決められて
いる初期状態のこと。

これでデプロイすると、実際のUI画面*は図4-1-4のようになります。サイズや色はデフォルト*で決まっているままとしています。このときサイズも決まっていて、グループの幅は6、ボタンは自動となっているので、グループの幅に合わせられています。

●図4-1-4　最初のUI画面

次にグループを追加してみましょう。もうひとつbuttonウィジットをワークエリアにドラッグドロップして図4-1-5のようにプロパティを設定します。

このときGroupには、先に作成したグループが、「[最初の例題]最初のグルー
プ」という選択肢として表示されていますが、ここでは①「新規にui_groupを
追加」という方を選択してから、②ペンをクリックします。これで開くダイア
ログで③グループ名を「次のグループ」としてから④追加をクリック、さらに
戻ったら⑤完了をクリックします。

●図4-1-5　グループの追加

これでデプロイすると、UI画面は図4-1-6のようになり、確かにグループ
が追加されていることがわかります。

●図4-1-6　グループを追加したUI画面

4-2 操作系ノードの使い方

4-2-1 buttonノードの使い方

buttonノードはUI画面にボタンウィジットを配置するノードです。button
ノードのプロパティ設定ダイアログは図4-2-1で、その設定内容は表4-2-1の
ようになっています。Icon*の設定ではbuttonの情報窓に参考のリンクサイ
ト*が表示されているので、そこから選択して指定します。

ボタンの文字色と背景色も指定できます。色は16進数6桁のRGBで指定す
る方法と、標準色として決まっている色名で指定方法があります。

> ・・・・・・・・・・・・
> ボタンに特定のアイコ
> ン形式の図を挿入でき
> る。
> ・・・・・・・・・・・・
> あらかじめアイコンが
> 用意されているサイ
> ト。

●図4-2-1 buttonのプロパティ設定ダイアログ

▼表4-2-1　buttonのプロパティ設定内容

項　目	設定内容
Group	グループ名　　タブ名も設定する　[タブ名] グループ名で表示
Size	ウィジットのサイズ　横×縦　デフォルトは自動
Icon	ラベルの前に表示するアイコンの指定、下記サイトから選択*できる Material Design icon、Font Awesome icon、Weather icon
Label	ボタン内部に表示するラベル
Tooltip	マウスオーバーで表示するテキスト
Colour	ラベルの文字色
Background	ボタンの背景色。色は標準色名称*か16進数6桁で指定する
Payload	実行で出力するメッセージ
Topic	実行で出力するトピック
msg arrives	入力があったときボタンクリックと同じ動作にする場合□にチェック
Name	ノードの名前

buttonの情報ウィンドウでリンク先に飛び、選択したアイコンの名称をコピーして設定する。

多くの色に名称が付与されている。
http://npmjs.com/package/colornames

実際の設定例を図4-2-2のように、それぞれ色違いの3個のボタンを作成してみました。3個のボタンともタブとグループは、「[最初の例題] LED制御グループ*」とし、サイズを2×1としています。

[　]内がタブ名、その後がグループ名。

●図4-2-2　3個のボタンの設定

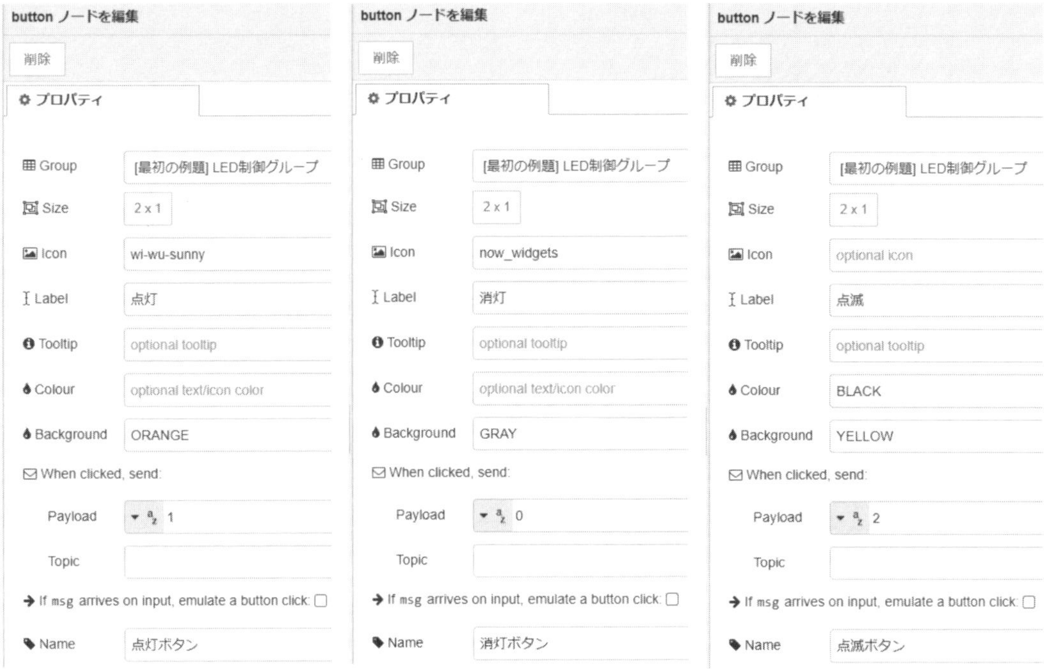

最初のボタンは「点灯」ボタンで、アイコンに天気の晴れマーク、背景色をオレンジ、Payloadには「1」を出力するようにしています。次のボタンは「消灯」ボタンで、アイコンにnowというマーク、背景色はグレイ、Payloadには「0」を出力するようにしています。3つ目のボタンは「点滅」ボタンで、アイコンはなし、文字色を黒、背景色は黄色、Payloadには「2」を出力するようにしています。

この設定でデプロイした結果のUI画面*は図4-2-3のようになりました。

●図4-2-3　3個のボタンのUI画面

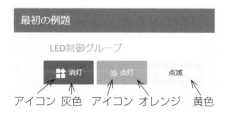

アイコン　灰色　アイコン　オレンジ　黄色

このUI画面で消灯ボタンをクリックすると「0」がpayloadに出力され、点灯ボタンでは「1」が、点滅ボタンでは「2」が出力されます。

4-2-2　dropdownノードの使い方

dropdownノードは、クリックするとドロップダウンで選択リストを表示します。そのプロパティ設定ダイアログは図4-2-4で、設定内容は表4-2-2のようになっています。図4-2-4では3つの選択肢を設定し、それぞれ選択されたときの出力メッセージと項目表示名称を設定しています。

▼表4-2-2　dropdownのプロパティ設定内容

項　目	設定内容
Group	グループ名。タブ名も設定する。[タブ名] グループ名で表示
Size	ウィジットのサイズ　横×縦　デフォルトは自動
Label	表示ラベル。ノードの名前にも使われる
Tooltip	マウスオーバーで表示するテキスト
Placeholder	ドロップダウンリストの位置を示す文字表示
Options	選択肢となる項目とpayload出力。複数追加が可能 下側にある [+option] ボタンで項目欄が追加される
multiple	複数の同時選択を有効にするとき□にチェック
Pass through	入力メッセージをそのまま通過させる場合□にチェック
Topic	実行で出力するトピック
Name	ノードの名前（設定なしの場合Labelが使われる）

3個のボタン配置は異なることがある。別途レイアウトで調整する。

●図4-2-4　dropdownノードのプロパティ設定ダイアログ

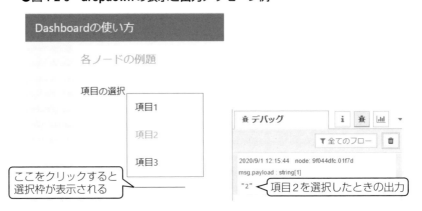

　図4-2-4の設定の場合の実際の表示と選択した場合のメッセージは図4-2-5となります。

●図4-2-5　dropdownの表示と出力メッセージ例

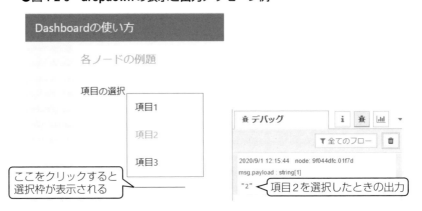

4-2-3 ● switchノードの使い方

Dashboardのswitchノードは、オンオフ切り替えスイッチを追加するノードです。図4-2-6がswitchのプロパティ設定ダイアログです。その設定内容が表4-2-3となります。Icon設定でcustomを選択するとアイコンを変更*できます。またオンオフ切り替え時に出力するメッセージはデフォルトではtrueとfalseになっていますが、自由に設定変更できます。

ノードのHelpにあるサイトから選択する。

●図4-2-6　switchのプロパティ設定ダイアログ

▼表4-2-4　switchのプロパティ設定内容

項 目	設定内容
Group	グループ名。タブ名も設定する。[タブ名]グループ名で表示
Size	ウィジットのサイズ（横×縦）。デフォルトは自動
Label	表示ラベル。ノードの名前にも使われる
Tooltip	マウスオーバーで表示するテキスト
Icon	表示アイコンの変更
Pass through	入力メッセージをそのまま通過させる場合□にチェック
On Payload	オン時に出力するメッセージ
Off Payload	オフ時に出力するメッセージ
Topic	実行で出力するトピック
Name	ノードの名前（設定なしの場合Labelが使われる）

図4-2-6の設定で実際に表示されるスイッチと出力メッセージの例が図4-2-7となります。

●図4-2-7　**switch の表示と出力メッセージ例**

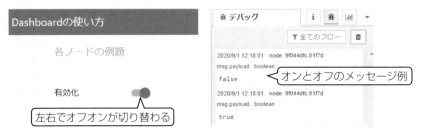

4-2-4 ● slider ノードの使い方

slider ノードは、スライダ設定ウィジットを追加します。縦、横いずれのスライダも可能です。slider のプロパティ設定ダイアログは図4-2-8となり、その設定内容が表4-2-5となります。例では slider を2つ設定し、縦と横のスライダを構成しています。

●図4-2-8　**slider のプロパティ設定ダイアログ**

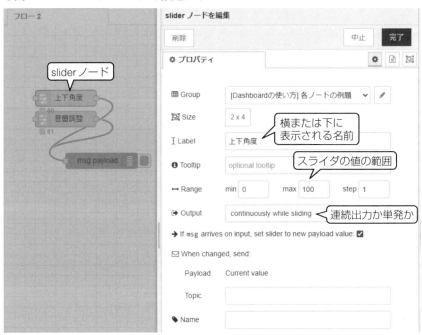

▼表4-2-5　sliderのプロパティ設定内容

項　目	設定内容
Group	グループ名。タブ名も設定する。[タブ名] グループ名で表示
Size	ウィジットのサイズ（横×縦）。デフォルトは自動
Label	表示ラベル。ノードの名前にも使われる
Tooltip	マウスオーバーで表示するテキスト
Range	スライダの最小値と最大値、刻みの設定
Output	スライダ移動中連続で値を出力するか、離したときに出力するか
msg	入力メッセージを新たな設定値として使う場合にチェック
Topic	実行で出力するトピック
Name	ノードの名前（設定なしの場合Labelが使われる）

　図4-2-8の設定で実際に表示されるスライダと出力メッセージの例が図4-2-9となります。サイズ設定で縦サイズを大きくすれば縦表示のスライダとなります。表示位置の調整はレイアウト設定*で行います。

4-4節を参照。

●図4-2-9　sliderの表示と出力メッセージ例

4-2-5　numericノードの使い方

　numericノードは数値を入力するためのウィジットを追加します。そのプロパティ設定ダイアログは図4-2-10のようになっていて、その設定内容が表4-2-6となります。

Dashboardの使い方

4

●図4-2-10　numericノードのプロパティ設定ダイアログ

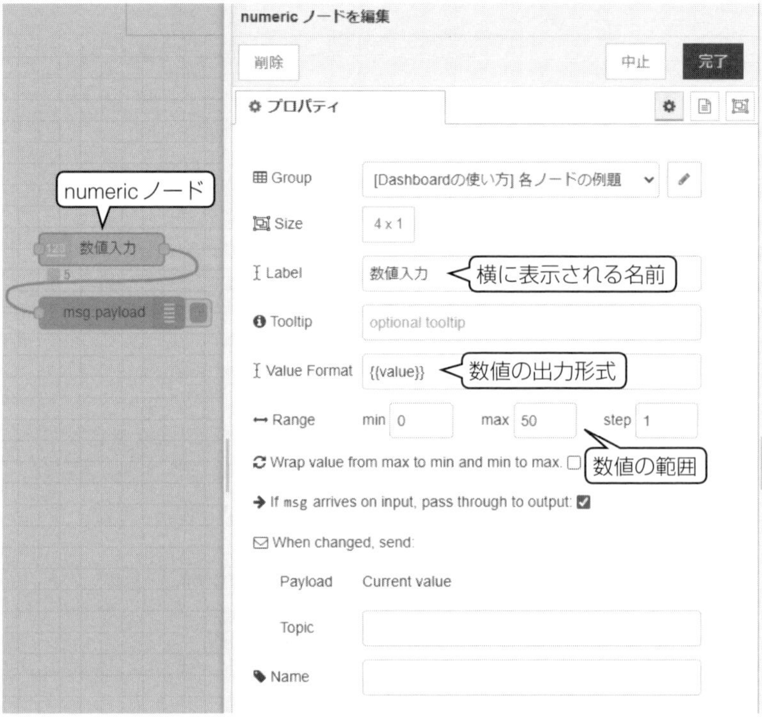

ここでValue Format欄は数値の表示形式の指定で、単位*などが追加指定できます。例えば次のような指定ができます。

* CSSスタイルで使われる単位記号。

```
{{value}}%      →  ⌄ 7% ⌃
{{value}}&degC  →  ⌄ 7℃ ⌃
```

▼表4-2-6　numericノードのプロパティ設定内容

項　目	設定内容
Group	グループ名。タブ名も設定する。[タブ名] グループ名で表示
Size	ウィジットのサイズ（横×縦）。デフォルトは自動
Label	表示ラベル。ノードの名前にも使われる
Tooltip	マウスオーバーで表示するテキスト
Value Format	出力数値の形式　単位などの追加が可能
Range	数値の最小値と最大値、刻みの設定
Wrap	最大と最小を折り返すときチェック
Pass through	入力メッセージを通過させるときはチェック
Topic	実行で出力するトピック
Name	ノードの名前（設定なしの場合Labelが使われる）

図4-2-10の設定で実際に表示される数値入力ウィジットと出力メッセージの例が図4-2-11となります。数値はアップダウンの矢印のクリックで行います。矢印をクリックする都度数値が出力されます。

●図4-2-11　numericの表示と出力メッセージ例

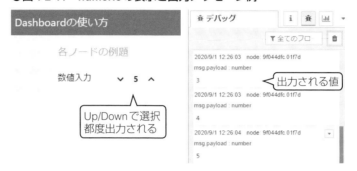

4-2-6　text inputノードの使い方

text inputノードは文字列を入力するためのウィジットを追加します。そのプロパティ設定ダイアログは図4-2-12のようになっていて、その設定内容が表４２７となります。

●図4-2-12　text inputノードのプロパティ設定ダイアログ

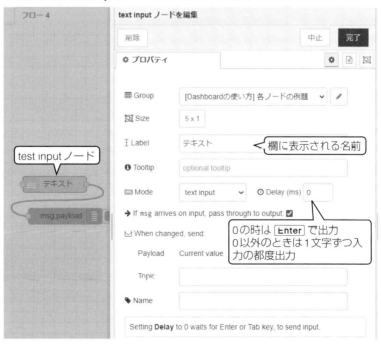

▼表4-2-7　text inputノードのプロパティ設定内容

項　目	設定内容
Group	グループ名。タブ名も設定する。[タブ名]グループ名で表示
Size	ウィジットのサイズ(横×縦)。デフォルトは自動
Label	表示ラベル。ノードの名前にも使われる
Tooltip	マウスオーバーで表示するテキスト
Mode	テキストの種類の指定ができる text、email、password、number、telephone、color、time、week、month
Delay	文字入力してから出力するまでの待ち時間。 0の場合は Enter か Tab 入力後に一括出力
Pass through	入力メッセージを通過させるときはチェック
Topic	実行で出力するトピック
Name	ノードの名前(設定なしの場合Labelが使われる)

　図4-2-12の設定で実際に表示されるテキスト入力ウィジットと出力メッセージの例が図4-2-13となります。入力する文字はDelayが0以外の値の時は入力する都度、設定した時間後に出力されます。その間に入れなおせば変更後の値が出力されます。Delayが0の場合は、 Enter か Tab *を入力後に文字列全体が一括で出力されます。

・・・・・・・・・・・・・・・・・・・
Enter の場合は出力するのみ、 Tab の場合は出力後次のウィジットに移動する。

●図4-2-13　text inputの表示と出力メッセージ例

　Modeでは入力文字列の種類を指定でき、種類に合わせて表示形式が変わります。例えば次のような表示となります。この場合のnumberは直接数値を入力できますし、矢印アイコンクリックでアップダウンもできます。

passwordの場合：　numberの場合：　　　colorの場合：　　　　timeの場合

4-2-7 date picker ノードの使い方

date pickerノードは月日を入力するためのウィジットを追加します。その
プロパティ設定ダイアログは図4-2-14のようになっていて、その設定内容が
表4-2-8となります。

●図4-2-14　date picker ノードのプロパティ設定ダイアログ

▼表4-2-8　date picker ノードのプロパティ設定内容

項　目	設定内容
Group	グループ名。タブ名も設定する。[タブ名] グループ名で表示
Size	ウィジットのサイズ（横×縦）。デフォルトは自動
Label	表示ラベル。ノードの名前にも使われる
Pass through	入力メッセージを通過させるときはチェック
Topic	実行で出力するトピック
Name	ノードの名前（設定なしの場合Labelが使われる）

図4-2-14の設定で実際に表示される月日入力ウィジットと出力メッセージ
の例が図4-2-15となります。出力は数値で出力されますが、これは1970年1
月1日からのミリ秒となっています。

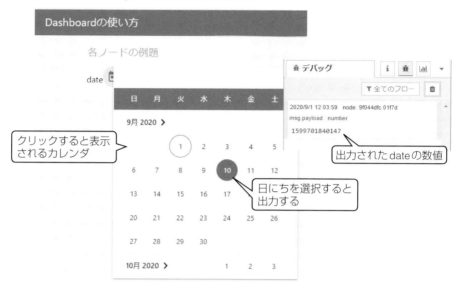

●図4-2-15　date pickerの表示と出力メッセージ例

クリックすると表示されるカレンダ

出力されたdateの数値

日にちを選択すると出力する

4-2-8 ● colour pickerノードの使い方

colour pickerノードは色のデータ入力するためのウィジットを追加します。そのプロパティ設定ダイアログは図4-2-16のようになっていて、その設定内容が表4-2-9となります。

●図4-2-16　colour pickerノードのプロパティ設定ダイアログ

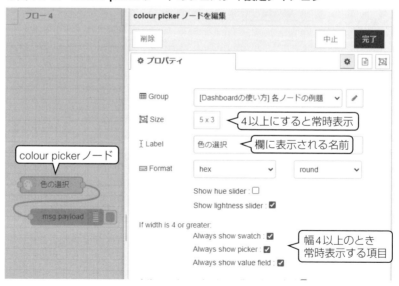

4以上にすると常時表示

欄に表示される名前

colour pickerノード

幅4以上のとき常時表示する項目

▼表4-2-9　colour picker ノードのプロパティ設定内容

項　目	設定内容
Group	グループ名。タブ名も設定する。［タブ名］グループ名で表示
Size	ウィジットのサイズ　横×縦　デフォルトは自動
Label	表示ラベル。ノードの名前にも使われる
Format	色データを表現する形式の設定。 色選択のGUIツールを丸型とするか四角にするかの選択
Hue	色調設定のスライダを表示させる場合チェック
Lightness	明るさ設定のスライダを表示させる場合チェック
width	widthが4以上の場合下記を常時表示させる場合チェック swatch（見本ウィジット） picker（円か四角の色選択ウィジット） value（色の16進数値）
Pass through	入力メッセージを通過させるときはチェック
Topic	実行で出力するトピック
Name	ノードの名前（設定なしの場合Labelが使われる）

　図4-2-16の設定で実際に表示されるカラー選択ウィジットと出力メッセージの例が図4-2-17となります。幅を4以上にして3要素を常時表示するという設定になっているので、値、色GUI、スライダが表示されています。出力は数値で出力されますが、これはRRGGBBの16進数のカラーコード*になっています。

赤、緑、青の色を16
進数2桁ずつで表す。

●図4-2-17　date picker の表示と出力メッセージ例

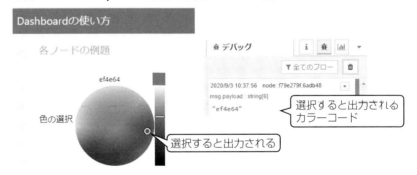

4-2-9 formノードの使い方

formノードは複数項目欄で入力するためのフォームウィジットを追加します。そのプロパティ設定ダイアログは図4-2-18のようになっていて、その設定内容が表4-2-10となります。例では3つの項目を設定しています。項目の追加は欄の下にある[element]というボタンをクリックすることでできます。

●図4-2-18　formノードのプロパティ設定ダイアログ

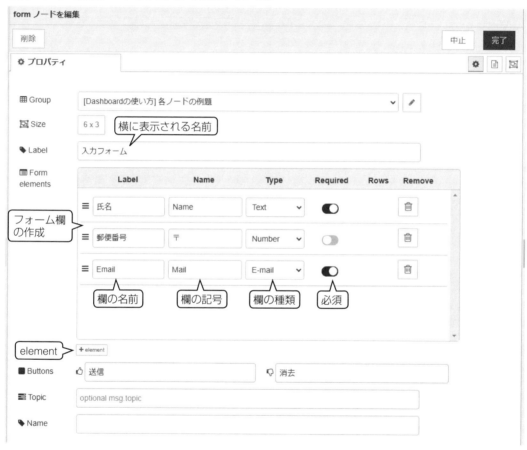

▼表4-2-10　formノードのプロパティ設定内容

項 目	設定内容
Group	グループ名。タブ名も設定する。[タブ名]グループ名で表示
Size	ウィジットのサイズ　横×縦　デフォルトは自動
Label	表示ラベル。ノードの名前にも使われる
Form	入力項目のリスト　それぞれに下記を設定する 　Label　　：入力する欄の項目名 　Name　　：欄の記号。JSONのキーとなる 　Type　　：欄の入力種類 　Required：必須か否か
elementボタン	入力項目欄の追加用ボタン
Button	送信と削除のボタン、表示する名称の設定
Topic	送信ボタンクリックで出力するトピック
Name	ノードの名前（設定なしの場合Labelが使われる）

図4-2-18の設定で実際に表示されるフォームウィジットと、実際に入力したあと、送信ボタンを押したときに出力されるメッセージの例が図4-2-19となります。出力は全項目をまとめたJSON形式となっています。

●図4-2-19　formの表示と出力メッセージ例

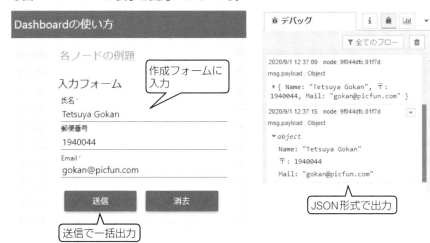

表示系ノードの使い方

4-3-1 textノードの使い方

ユーザーインター
フェース画面、Node-
REDで表示される表
示操作画面のこと。

　textノードはUI画面*に指定形式で入力されたテキストを表示するノードです。textノードのプロパティ設定ダイアログは図4-3-1で、その設定内容は表4-3-1のようになっています。

●図4-3-1　textのプロパティ設定ダイアログ

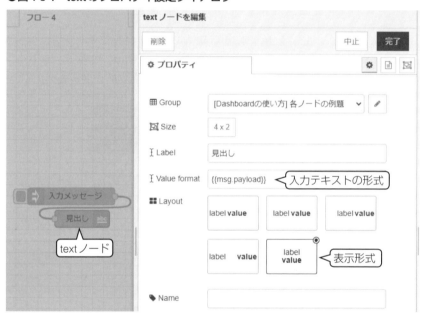

▼表4-3-1　textのプロパティ設定内容

項　目	設定内容
Group	グループ名。タブ名も設定する。[タブ名] グループ名で表示
Size	ウィジットのサイズ（横×縦）。デフォルトは自動
Label	ウィジットの欄に表示するラベル
Value Format	入力テキストの形式指定、デフォルトはpayloadのまま
Layout	ラベルとメッセージの表示位置の指定
Name	ノードの名前

図4-3-1の設定の場合の表示は図4-3-2のようになります。ラベルとメッセージが上下に表示されています。

●図4-3-2 textの表示例

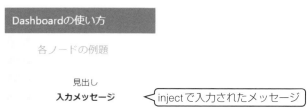

4-3-2 gaugeノードの使い方

割合を表示するグラフ形式。

gaugeノードはUI画面に指定形式のゲージ図*で数値を表示するノードです。gaugeノードのプロパティ設定ダイアログは図4-3-3で、その設定内容は表4-3-2のようになっています。

●図4-3-3 gaugeのプロパティ設定ダイアログ

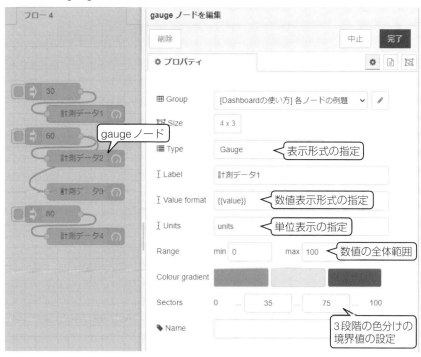

95

項　目	設定内容
Group	グループ名。タブ名も設定する。［タブ名］グループ名で表示
Size	ウィジットのサイズ（横×縦）。デフォルトは自動
Type	ゲージの表示形式の選択。 Gauge、Donut、Compass、Levelがある
Label	ゲージの上に表示される文字列
Value Format	数値の表示フォーマット指定
Unit	単位の指定
Range	ゲージの最小値と最大値の指定
Colour gradient	色分けの色指定と境界値の設定
Name	ノードの名前

　図4-3-3の設定で4種のTypeのそれぞれの場合の表示は図4-3-4のようになります。入力に入って来た数値でゲージレベルを表示します。Labelがグラフの上側に、数値と単位がグラフの内部に表示されます。

4-4節を参照。

　これらのグラフの配置調整はレイアウト設定*で行います。

●図4-3-4　gaugeの表示例

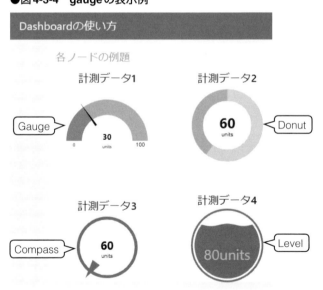

4-3-3 chartノードのデータ推移グラフの使い方

chartノードはUI画面に時間とともに変化するデータをグラフ表示できるノードです。データ推移を表示する場合のchartノードのプロパティ設定ダイアログは図4-3-5で、その設定内容は表4-3-3のようになっています。

●図4-3-5 chartのプロパティ設定ダイアログ

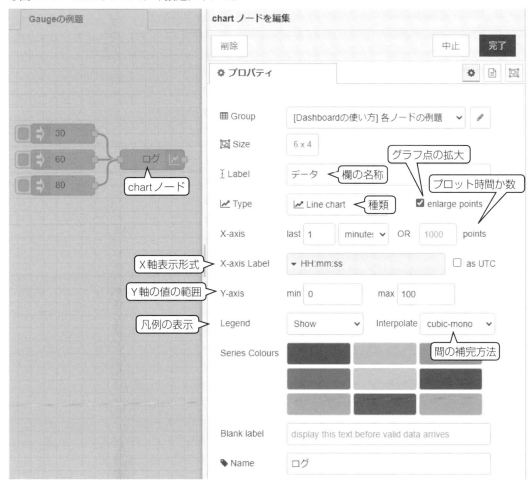

▼表4-3-3　chartのプロパティ設定内容

項　目	設定内容
Group	グループ名　　タブ名も設定する。［タブ名］グループ名で表示
Size	ウィジットのサイズ　横×縦　デフォルトは自動
Label	ゲージの上に表示される文字列
Type	ゲージの形の選択。ここはLine chartが適す
X-axis	X軸の指定で時間表示か、プロット数で指定
Y-axis	Y軸の値の表示範囲指定
Legend	凡例表示をする場合チェックする 複数データを同時表示（JSON形式で入力する）した場合の区別
Interpolate	点間の線の補間方法で下記のいずれかを選択 linear（直線）、step（階段状）、bezier（ベジェ曲線）、cubic（三次補間）、 cubic-mono
Series colours	Series*で指定されたデータの色分け指定
Blank label	データ待ちのときの表示データ指定
Name	ノードの名前

複数項目をグラフ化す
る際の使い方。

図4-3-5の設定でログデータを表示した例が図4-3-6のようになります。

●図4-3-6　ログデータのchart表示例

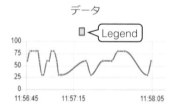

図4-3-6 ログデータのchart表示例の画面で、「Dashboardの使い方」「各ノードの例題」「データ」「Legend」と凡例を示す図

4-3-4　chartノードの使い方

chartノードは、時間経過のデータ変化だけでなく、種別ごとの差をグラフ表示することもできます。この場合のchartノードのプロパティ設定ダイアログは図4-3-7で、その設定内容は表4-3-4のようになっています。

●図4-3-7 chartのプロパティ設定ダイアログ

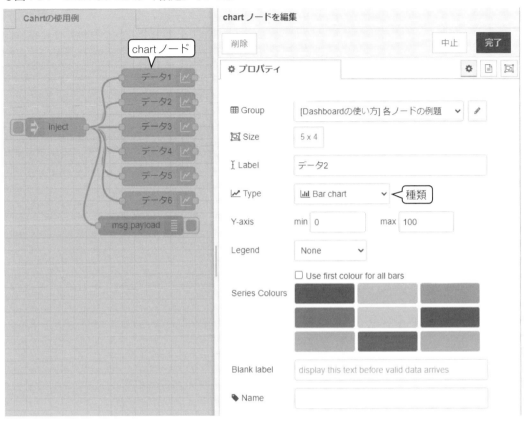

▼表4-3-4 chartのプロパティ設定内容

項 目	設定内容
Group	グループ名。タブ名も設定する。[タブ名] グループ名で表示
Size	ウィジットのサイズ（横×縦）。デフォルトは自動
Label	ゲージの上に表示される文字列
Type	ゲージの形の選択。下記6種類から選択 Line chart（折れ線）、Bar chart（棒）、Bar chart(H)（横棒）、 Pie Chart（パイ）、Polar area chart（領域）、Rader chart（レーダ）
Y-axis	Y軸の値の表示範囲指定
Legend	凡例表示をする場合チェックする。 複数データを同時表示（JSON形式で入力する）した場合の区別
Series colours	Series*で指定されたデータの色分け指定
Blank label	データ待ちのときの表示データ指定
Name	ノードの名前

複数項目を色分け表示
することができる。

4

Dashboardの使い方

図4-3-7の設定でTypeをそれぞれ変えて、さらに入力データには図4-3-8の
ような JSON データを inject ノードで生成して出力します。このような JSON
データを inject で入力する場合には、図4-3-8のようにペイロード欄の右端の
ボタンをクリックすると、「JSON エディタ*」が開くので、これで入力すると
間違いなく入力できるようになります。

JSON形式のデータ入
力を見やすく表示しな
がら編集できるツー
ル。

●図4-3-8　chart表示例

こうして生成したJSONデータを入力した結果の各chartは図4-3-9となり
ます。

●図4-3-9 chartの表示例

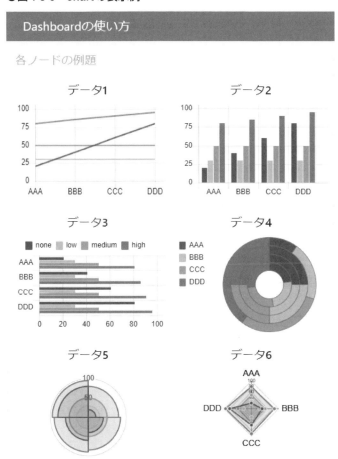

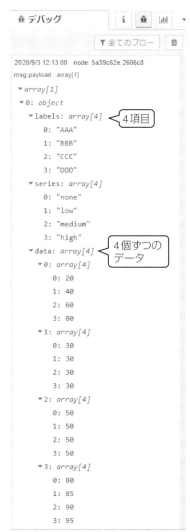

4-3-5 audio out ノードの使い方

Google Chrome、
Microsoft Edge には追加できる。

　audio out ノードは音声を再生するノードで、ブラウザに Text-to-Speech 機能[*]があればテキスト読み上げができます。audio out ノードのプロパティ設定ダイアログは図4-3-10で、その設定内容は表4-3-5のようになっています。

●図4-3-10　audio out のプロパティ設定ダイアログ

　この設定ではテキスト読み上げの設定になっています。Text-to-Speech 機能は日本語対応では、Microsoft と Google の2つがあり、いずれでも可能です。

　Play audio when window not in focus にチェックを入れないとテキスト読み上げは実行されないので注意してください。

▼表4-3-5　audio out のプロパティ設定内容

項　目	設定内容
Group	グループ名。タブ名も設定する。[タブ名] グループ名で表示
TTS Voice	テキスト読み上げに使うツールの指定で日本語は下記2種 　Microsoft Haruka Desktop-Japanese 　Google 日本語
Play	チェックを入れる
Name	ノードの名前

4-3-6 ▪ notificationノードの使い方

notificationノードはUI画面にアラームダイアログを表示するノードです。notificationノードのプロパティ設定ダイアログは図4-3-11で、その設定内容は表4-3-6のようになっています。

●図4-3-11 notificationのプロパティ設定ダイアログ

▼表4-3-6 notificationのプロパティ設定内容

項　目	設定内容
Layout	表示位置の指定 Top Right、Bottom Right、Top Left、Bottom Left、OK/Cancel Dialog、OK/Cancel Dialog with Input
Time out	表示継続時間の設定　秒単位
Border	枠の色指定
Send all	どのブラウザ状態でも表示させる場合にチェック
Accept	HTML形式の入力メッセージを表示する場合チェック
Topic	表示出力時に出力するトピック
Name	ノードの名前

図4-3-11の設定の場合の表示は図4-3-12のようになります。

●図4-3-12 notificationの表示例

各ノードの例題

gauge

このダイアログが
指定時間表示される

4-3-7 ● templateノードの使い方

Web画面を構成する
ための言語でCSSコー
ドと組み合わせて使わ
れる。本書では扱わな
い。
HTML：Hyper Text
Markup Language
CSS：Cascading
Style Sheets

　DashboardのtemplateノードはHTML形式*のデータを出力することで、動的に表示内容を変えるような場合に使うノードです。そのプロパティ設定ダイアログは図4-3-13のようになっていて、設定内容は表4-3-7のようになります。

●図4-3-13 templateのプロパティ設定ダイアログ

▼表4-3-7　templateのプロパティ設定内容

項　目	設定内容
コード種別	Widgetかヘッダセクションかの選択
グループ	グループ名。タブ名も設定する。[タブ名]グループ名で表示
サイズ	表示枠の大きさ
名前	ノードの名前
HTMLコード	どのブラウザ状態でも表示させる場合にチェック
その他	入出力メッセージに対する処理指定

図4-3-13のデフォルトのままで動作させると、図4-3-14のようにウィジット内にpayload内容*を表示するのみとなります。

ここでは「例題メッセージ」。

●図4-3-14　templateの表示例

Dashboardの使い方

各ノードの例題

例題メッセージ

payloadの表示

4-4 レイアウト設定

4-4-1 レイアウト設定とは

UI : User Interface
グラフィカルな画面で
構成された表示操作画
面のこと。

表示、操作をするため
の画面内の部品のこ
と。

BME280という複合
センサをI2Cインター
フェースで接続してい
る。専用のノードがあ
るので簡単に接続でき
る。

Dashboardは UI 画面*に多くの表示操作ウィジット*を提供しますが、UI画面内での配置は自動配置になっているため、そのままではなかなか思うような配置にはなってくれません。

そこでこれらの配置を自由に設定するために用意された機能が、レイアウト設定の機能です。

例えば、図4-4-1のようなフローで、気圧、温度、湿度の3種のデータ*をゲージとチャートで図のように表示させる場合を例題としてみます。当初の設定では、グラフのサイズが統一されていないため表示が揃っていません。これをレイアウト設定で調整します。

●図4-4-1　例題のフローとUI画面例

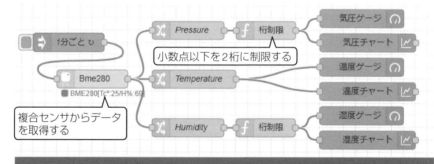

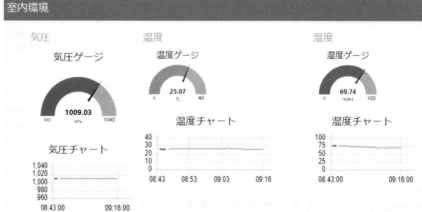

4-4-2 レイアウト設定の具体例

このレイアウト設定画面を開くには、図4-4-2のようにします。

右側のサイドビュー窓をダッシュボード表示としてから、①タブの欄で［レイアウト］をクリックします。これで下側のようなレイアウト設定画面が表示されます。上側の項目一覧のところでも、②グループやウィジットの行をドラッグドロップすることで配置を入れ替えることができます。

さらに下側の画面では、③グループの横幅を設定できます。④各ウィジットの右下の矢印*をドラッグすることでウィジットの縦横サイズを自由に変更できます。このとき横幅はグループの幅以上にはできませんが、グループの縦幅の過不足は自動的に追加削除されます。さらに⑤ウィジットの中をドラッグすればグループ内での位置は自由に移動できます。

ウィジットのサイズを自動にしていると矢印が表示されず変更できない。また錠前表示でロックされているときは、フローを読み直せばロックが外れる。

●図4-4-2 レイアウト設定の画面例

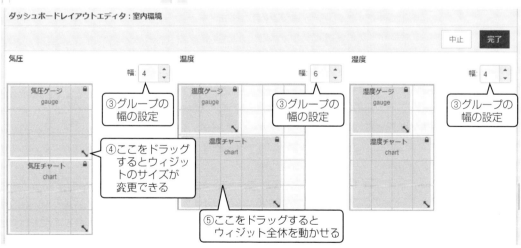

実際に調整したあとのレイアウト設定画面例は図4-4-3となります。①3つのグループの幅を5に統一、②ゲージは3×2のサイズに統一して上側中央に配置、③チャートは5×3のサイズに統一しました。

さらにダッシュボードの項目表示欄で気圧のグループを一番下側に移動しました。これで④完了ボタンをクリックし、最後にデプロイ*を実行すれば修正が適用された画面となります。

•••••••••••••••••••
デプロイを実行しない
とレイアウト設定は有
効にならない。

●図4-4-3　レイアウト調整後のレイアウト画面例

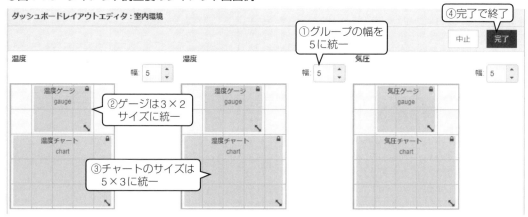

この調整後のUI画面が図4-4-4となります。統一されて見やすくなりました。このようにレイアウト設定で画面構成をかなり自由に設定できます。

●図4-4-4　レイアウト調整後のUI画面例

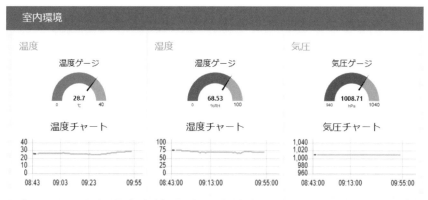

4-4-3 ● テーマで全体の色調の設定

　ダッシュボードのサイドビュー窓には、図4-4-5のように［テーマ］という
タブがあり、ここで全体の色調を設定できます。

　全体を白系で表示するライトと、黒系で表示するダークがあります。カス
タムを選択すると背景色も含めて自由に選択できるようになります。またフォ
ントの種類やサイズも設定できます。

●図4-4-5　UI画面の色調とフォントの設定

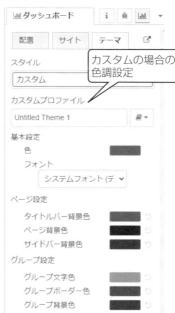

　テーマをダークで設定したUI画面例が図4-4-6となります。

●図4-4-6　テーマをダークにしたときのUI画面例

4-5 スマホやタブレットで Node-REDを使う方法

4-5-1 Node-REDのフローを実行する

ウェブサイトのアドレス。

ラズパイ上に作成した既存のNode-REDのUI画面を表示させる場合は、簡単です。スマホかタブレットでChromeブラウザを起動し、次のURL*にアクセスするだけです。

<ラズパイのIPアドレス>:1880/ui

これで図4-5-1のようにパソコンと同じUI画面が開きますから、ここから自由に操作と表示ができます。表示幅が小さいので、横幅が不足する場合は、画面表示が縦に分かれて表示されます。

●図4-5-1 タブレットで表示したUI画面例

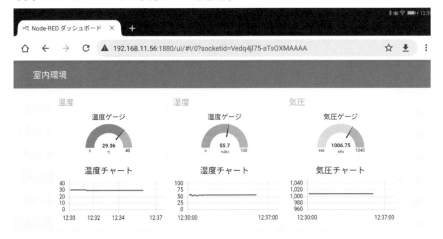

フロー図を表示させる場合も下記URLでできます。

<ラズパイのIPアドレス>:1880

スマホやタブレットでも、フロー図の表示や編集も可能ですが、パソコンと内容を一致させながら行う必要があるので注意が必要です。画面が小さいので、編集はちょっとやりにくくなります。

4-5-2 AndroidでNode-REDを実行する

Androidのスマホやタブレットには、Node-RED自身を動かせるアプリが用意されています。「Termux」というアプリで図4-5-2のようにPlayストアから入手できます。

●図4-5-2 PlayストアからTermuxをインストール

このTermuxアプリは、Android上でLinuxのコマンドを実行できる環境を提供するアプリで、ラズパイのLXTerminalと同等の機能を持っています。

Termuxを起動すると図4-5-3のような画面となるので、ここでコマンドを入力して実行します。常に管理者権限でコマンドを実行するので「sudo」の追加は不要です。Linuxのコマンドが実行できるわけですから、Node-REDだけ

●図4-5-3 Termuxの起動後の画面

でなく、いろいろなアプリをインストールし実行することが可能になります。

　Node-RED自身を使えるようにするためには、このTermuxから次のコマンドを実行してnode.jsとNode-REDをインストールします。これでNode-REDが使えるようになります。このあとは最後の「node-red」のコマンドだけで起動できます。

```
apt update ↵
apt upgrade ↵
apt install coreutils nano nodejs ↵
npm i -g --unsafe-perm node-red ↵
node-red ↵
```

　Node-REDを起動するとラズパイの場合と同じように、図4-5-4のようなメッセージが表示されてNode-REDが起動していることがわかります。

●図4-5-4　Node-REDの起動メッセージ

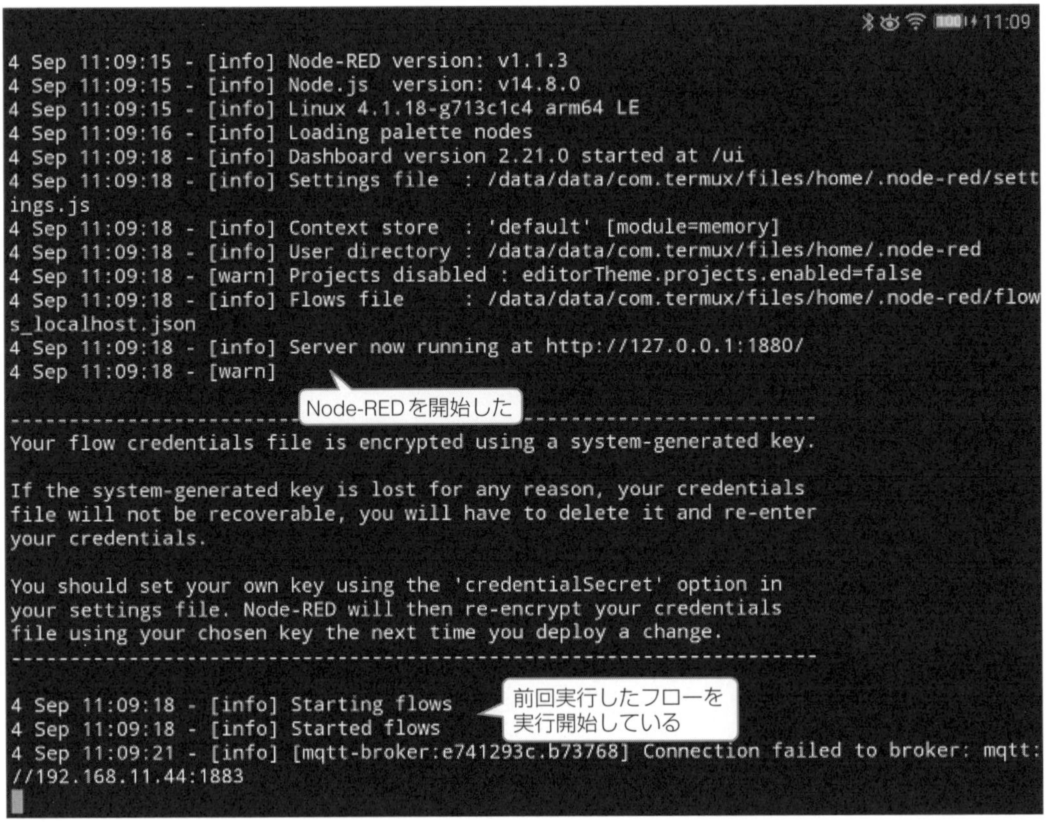

```
                                                    ✳ 👁 📶 📶 11:09
4 Sep 11:09:15 - [info] Node-RED version: v1.1.3
4 Sep 11:09:15 - [info] Node.js  version: v14.8.0
4 Sep 11:09:15 - [info] Linux 4.1.18-g713c1c4 arm64 LE
4 Sep 11:09:16 - [info] Loading palette nodes
4 Sep 11:09:18 - [info] Dashboard version 2.21.0 started at /ui
4 Sep 11:09:18 - [info] Settings file  : /data/data/com.termux/files/home/.node-red/sett
ings.js
4 Sep 11:09:18 - [info] Context store  : 'default' [module=memory]
4 Sep 11:09:18 - [info] User directory : /data/data/com.termux/files/home/.node-red
4 Sep 11:09:18 - [warn] Projects disabled : editorTheme.projects.enabled=false
4 Sep 11:09:18 - [info] Flows file     : /data/data/com.termux/files/home/.node-red/flow
s_localhost.json
4 Sep 11:09:18 - [info] Server now running at http://127.0.0.1:1880/
4 Sep 11:09:18 - [warn]
                        ┌──────────────────┐
                        │ Node-REDを開始した │
---------------------------└──────────────────┘-------------------
Your flow credentials file is encrypted using a system-generated key.

If the system-generated key is lost for any reason, your credentials
file will not be recoverable, you will have to delete it and re-enter
your credentials.

You should set your own key using the 'credentialSecret' option in
your settings file. Node-RED will then re-encrypt your credentials
file using your chosen key the next time you deploy a change.
-----------------------------------------------------------------

4 Sep 11:09:18 - [info] Starting flows   ┌──────────────────┐
4 Sep 11:09:18 - [info] Started flows    │ 前回実行したフローを │
4 Sep 11:09:21 - [info] [mqtt-broker:e741293c.b73768]│ 実行開始している │ to broker: mqtt:
//192.168.11.44:1883                     └──────────────────┘
```

　Node-REDの実行を中止するには Ctrl ＋ C を入力します。Termux自身を終了するには、「exit」コマンドを実行します。

第5章

実例による
ノードの使い方

Node-REDには多くのノードがありますが、本章では、
よく使うノードについて実際の例で使い方を説明します。

5-1 injectノードの使い方

5-1-1 injectノードはトリガノード

injectノードは、次のような条件でフローの実行を開始させることができます。

①injectノードのボタンクリック時
②一定時間間隔の繰り返し
③指定した時刻

最大値は596時間
(24日)。

Linuxで定時、一定時間間隔などの繰り返しでコマンドを実行させる機能。

また、ペイロードとして出力する内容も図5-1-1のような項目があり、いずれでも出力ができます。[繰り返し]の欄で繰り返しを選択した場合は、秒、分、時間の単位で時間設定*ができます。1より小さな値も設定できます。

[指定した時間間隔]、[指定した日時]を指定した場合、Linuxのcronシステム*を使うので、20分とすると毎時00分、20分、40分に起動されます。

●図5-1-1 injectノードの設定内容

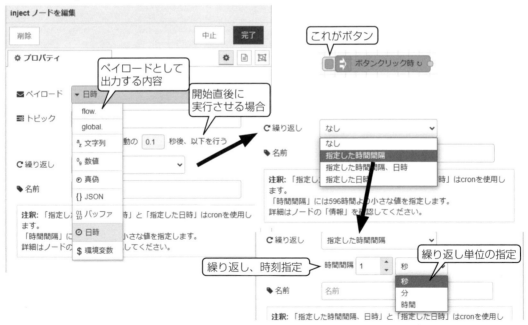

5-2 csvノードの使い方

5-2-1 CSVデータをJSON形式に変換する

カンマで区切られた
データ。
value1, value2, value3

JSON：JavaScript
Object Notation
データをキー名（key）
と値（Value）のペアで
表現する形式。
{key1: value1, key2:
value2}

Get_BME280.pyと い
うPythonプログラム
を実行する。

msg.payload = 100,
200, 300

msg.payload =
{col1: 100, col2:200,
col3:300}となる。

msg.payload.col1で
100が取り出せる。

csvノードは、カンマ区切りのCSVデータ*とJSON形式*のデータの相互の変換を実行します。マイコンなどと接続した場合や、C言語のプログラムをexecノードで実行した出力を使うような場合に便利に使えます。

例えば、図5-2-1のフローで、前のexecノード*からは、図のようなCSV形式の3個のデータ（100, 200, 300）がpayloadとして出力*されるとします。このCSV形式のままで個々のデータを取り出すのは、Node-REDでは難しくなります。

そこで次のcsvノードを通すと図のようなJSON形式に自動変換*（{col1: 100, col2: 200, col3: 300}）されます。キーのcol1とかcol2は自動的に付加されます。これでその次のchangeノードでは代入を使ってJSONのキーで1つのデータを取り出す*ことが可能になります。

●図5-2-1　csvノードの例

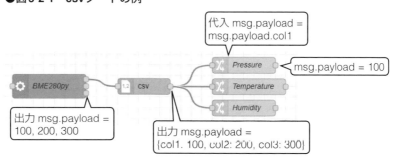

JSONデータに変換する際にキーを指定する場合には、図5-2-2のようにcsvノードのプロパティの設定で、列名の欄で「""温度""」のように"を2つ連続にして囲って指定します。これで「"温度"」という文字列のキー名となります。

データを数値のまま扱う場合には[数値を変換する]にチェックを入れます。

115

●図5-2-2 CSVデータの列名設定方法

●5-2-2 JSONデータをCSV形式に変換する

前項目とは逆に、マイコンなどにデータを渡すときにはCSV形式の方が簡単ですから、Node-REDのJSONデータをCSV形式に変換します。

図5-2-3の例では、injectノードでJSONデータ（{"key1": 100, "key2": 200, "key3": 300}）をcsvノードに渡しています。これでcsvノードからはデータだけのCSV形式（100, 200, 300 ↵）として出力されます*。

この場合、CSVの列名が指定されていないと最初に警告が出る。

●図5-2-3 csvノードの例

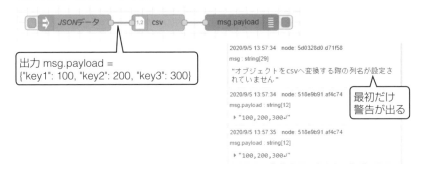

5-3 delay ノードの使い方

5-3-1 delay ノードでデータの間引き

delay ノードの機能は、基本は遅延で待たせることにありますが、もう1つの機能としてデータを間引きする機能があります。つまり、短時間間隔で生成されるデータを、指定された時間は無視し、その時間間隔にだけ次にデータを出力するようにする機能です。

node-red-contrib-bme280のパレットの追加が必要。

例えば図5-3-1のフローでは、3秒間隔でBME280センサ*の温度データを読み出し、温度のゲージ表示を更新しますが、チャートは1分ごとのデータをログするようにしています。delay ノードの設定で、流量を1データ/1分とし、その間のメッセージを削除するという設定とします。これで任意の間隔に間引きして次に出力するようにできます。

●図5-3-1 delay ノードの例

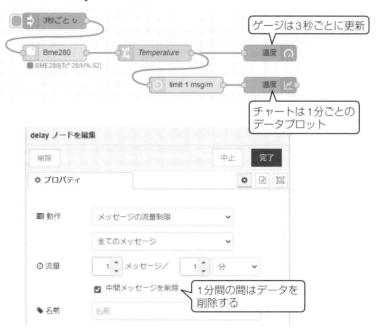

5-4 switchノードの使い方

5-4-1 switchノードでデータ処理分岐

switchノードは各種条件によって場合を分け、フローの流れを分岐する機能を持っています。分岐はいくつでも追加できます。

5-10節　GPIOの使い方を参照。

5-5節参照。

図5-4-1は実際の例題[*]です。スイッチS1のオンかオフで流れを変えるためにswitchノードを使っています。これでスイッチがオンの時の処理とオフの時の処理[*]のフローを分離できます。条件の設定には図のように非常にたくさんあるので、いろいろな条件を指定できます。対象には数値や文字列だけでなく、メッセージ全体やJSONキーなども指定できます。

●図5-4-1　switchノードの使用例

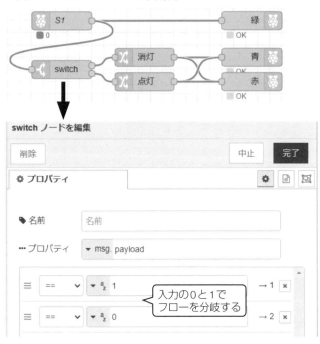

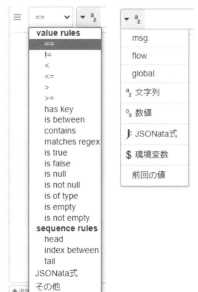

条件設定の種類

118

　もう1つの例として、例えば何らかの受信データの処理で、データの種類によりその後の処理を変えたいような場合、JSON形式のデータのキーにデータ種別を表すものを用意します。その種別によりその後の処理を分岐させる場合には、switchノードを使って図5-4-2のようにできます。

　例では「シリアル受信ノード*」から受信したデータが出力され、その最初のキーのcol1の文字列で3種類に分岐するように設定し、分岐ごとの出力メッセージをtextノードに出力するようにしています。それぞれ分岐しているので、col1の値が異なるところにメッセージがでることはありません。

* * * * * * * * * * * * * * * *
ラズパイのシリアル通信ポートに対応。

●図5-4-2　switchノードの例

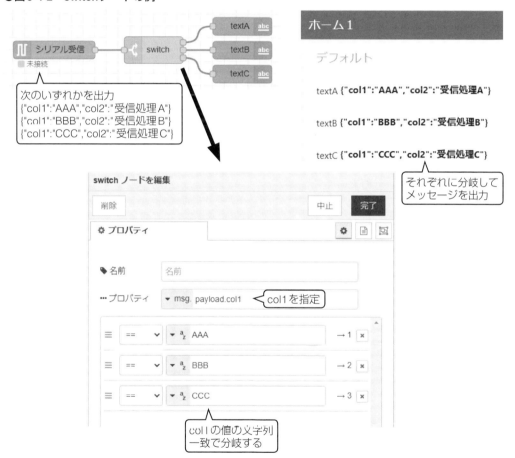

5-5 changeノードの使い方

changeノードは非常に多くの使い方ができる多機能ノードです。基本機能は、代入、置換、削除、移動の4種類の機能ですが、それぞれにいろいろな使い方があります。

5-5-1 代入の使い方

代入では図5-5-1のように下の欄から上の欄へコピーするだけなのですが、多くの選択肢があります。まず上側の欄では、単純にpayloadだけでなく、payload内のJSONデータの特定のキーや、全く新しいプロパティを追加してコピーすることもできます。

●図5-5-1 changeノードの代入

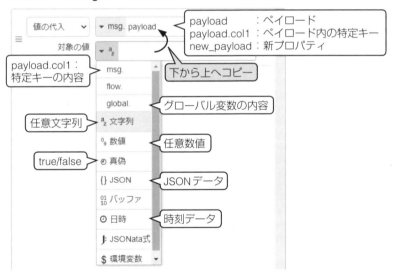

下側の欄でも、次のような設定が可能です。

❶msg.payload.col1とした場合

payload内のJSONデータの特定キー（ここではcol1）の値だけを取り出して上側の欄に代入します。これでJSONデータの1つのキーの値だけを取り出せます。

❷数値、文字列、JSON、日時、真偽とした場合

それぞれ任意の数値か文字列、JSONデータ、日時データをpayloadか、payload内のJSONの特定のキーに代入します。真偽の場合はtrueかfalseを代入します。

❸globalとした場合

このglobalとは、Node-RED内で使うグローバル変数のことで、特定の名前を付けて保存され、どのノードからも読み書きができます。したがって、フローがつながっていないノードでも読み書きができることになります。

5-4節参照。

実際の例で使い方をみてみます。図5-5-2はS1のオンオフでLEDを点灯/消灯するフローですが、switchノードで分岐*したあと、点灯のchangeノードでスイッチがオンつまり0の出力の時には1を代入してLEDに出力するようにしています。オフの時は消灯のchangeノードで0を代入出力しています。

●図5-5-2　changeノードの使用例（代入）

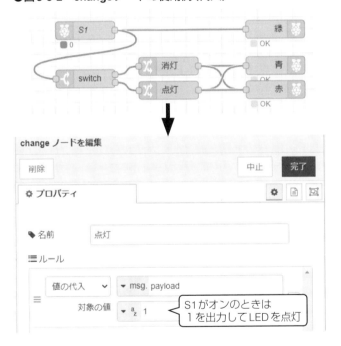

node-red-contrib-bme280　パレットの追加が必要。

もうひとつの使用例で、JSONデータを取り出す場合の例です。図5-5-3がこのような場合で、図のようにBME280ノード*からはJSON形式で3種のデータが出力されます。この中からchangeノードを使って、温度のキー（temperature_C）で温度だけを取り出しています。取り出しは、［対象の値］欄でpayloadの中の温度のキーを指定することで実現しています。

5-6節参照。

●図5-5-3　changeノードの例（取り出し）

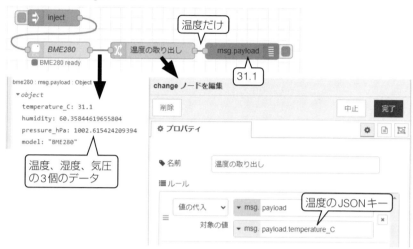

さらに、代入のもうちょっと高度な使い方の例が図5-5-4となります。ここでは、functionノード*で、Bme280ノードから出力される3個のデータを、1つのGETメッセージに含めたURLデータを生成しています。そしてchangeノードでは、このfunctionノードからの出力をmsg.urlという新規プロパティに代入して次のhttp requestノードに渡しています。http requestノードではこの入力データをURLとしてインターネットに送信してGET動作を要求します。このように代入のとき、新たなプロパティを指定して代入することもできます。

●図5-5-4　changeノードの例（新規プロパティ）

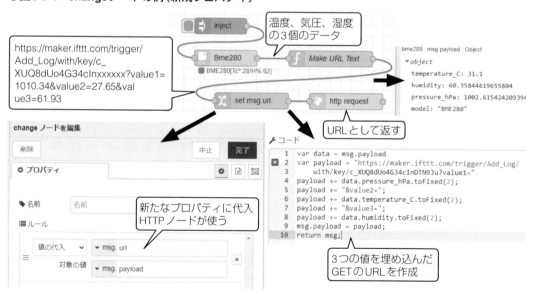

5-5-2 置換の使い方

　置換は単純に指定文字列を指定した文字列に置き換えます。例えば図5-5-5のような場合、「ABC」という文字が入力されたら、すべて「123」に置き換えます。

　この場合にも、置換する側も、される側も図5-5-1の種類が選択できますから、文字だけでなく、JSONのキー間の入れ替えや、プロパティさえも置き換えできます。

●図5-5-5　changeノードの例（置換）

5-5-3 移動と削除

　changeノードの［値の移動］は代入と同じような動作ですが、移動元のデータが削除されるところが代入と異なります。さらに、移動の向きが上から下になるので注意が必要です。

　changeノードの［値の削除］は、プロパティや、JSONのキーなどの削除ができます。

5-6 functionノードの使い方

functionノードは、この中にJavaScriptでプログラムが記述できるので、プログラムの作り方次第ではなんでもできるということになります。しかし、本来Node-REDはノンコーディングが目標ですから、できるだけコーディングは避けるようにします。それでも、ノードではどうしようもないときもあるので、必要なノードです。実際によく使う例で説明します。

5-6-1 メッセージの組み立ての場合

node-red-contrib-
bme280パレットと、
node-red-node-pilcd
パレットの追加が必
要。

詳細は6-4節参照。

payloadから入力された数値や文字列をもとに、メッセージに変換して出力するという場合で、図5-6-1*のような場合です。この例では、例えば気圧のデータをchangeノードで取り出したあと、functionノードで、液晶表示器（LCD）*に表示するメッセージとして生成しています。

●図5-6-1　メッセージの組み立て例

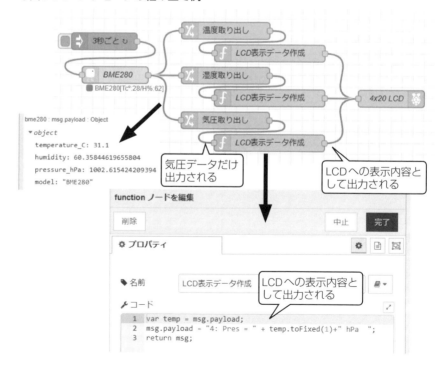

このようにfunctionノード内にはJavaScriptの本体だけ記述すればよいようになっています。入力データは「var temp = msg.payload;」としてtempという変数に取り出せますし、出力も、msg.payloadに代入すれば「return msg;」で出力されます。「temp.toFixed(1)」という記述は小数点以下を1桁に四捨五入しろという記述で、これでメッセージとして表示する桁数を制限することができ、次のような20文字の表示データとして出力されます。最初の「4:」はLCDの4行目に表示するという意味です。

ここの3つのfunctionノードでは、温度を2行目に、湿度を3行目に、気圧を4行目に指定して、それぞれの表示メッセージを生成しています。

「△Pres△=△1011.4△hPa△△」　（△はスペース）

5-6-2 値の範囲の変更

node-red-contrib-bme280パレットとnode-red-node-pi-gpiodパレットの追加が必要。

入力された数値の範囲を、別の範囲に変更する例です。例えば、図5-6-2*のように、温度の0℃から40℃の範囲をPWM出力の0%から100%にしたいような場合に使います。functionノードでは、温度に2.5を乗じた値を次のノードへの出力としています。これで0から40の温度の値が0から100に変換されます。0℃より低い場合と40℃より高い場合はPWMの範囲外の値となりますが、無視されるので問題はありません。

●図5-6-2　範囲の変更の例

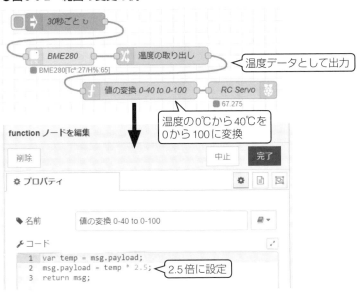

右に5（縦書き）実例によるノードの使い方

125

5-6-3 数値から文字列への変換

Message Queue
Telemetry Transport。
IoT機器に使われる軽
量のメッセージ送信用
プロトコル。5-9-1節
参照。

　今度は、MQTT通信*で受信した数値の0、1が並んだ連続データを文字列、例えばGRAYとREDのような色の文字列の配列に変換してボタンの背景色を変えて状態表示をするような場合の使い方で、図5-6-3のように使います。

　最初のinjectノードから「01001」という5個の0、1のデータが出力されたとします。それをfunctionノードでGRAYとREDの文字列のCSV形式に変換します。さらにそれをcsvノードでJSON形式に変換し、5個のbuttonノードに同じものを渡します。buttonノードでは、背景色欄に「{{msg.payload.col5}}」のようにcol1からcol5のJSONキーを順番に指定すれば、背景色の欄には5個のボタンそれぞれにGRAYかREDが代入されて使われることになり、図の右上のようにUI画面でボタンの背景色として表示されます。

　もともとMQTTでJSON形式として送信すれば、このfunctionノードは不要となりますが、MQTTではできるだけメッセージ長を短くする方向ですので、このように0と1だけの文字列で送ることも多く行われます。

●図5-6-3　functionの使用例（数値を背景色に変換）

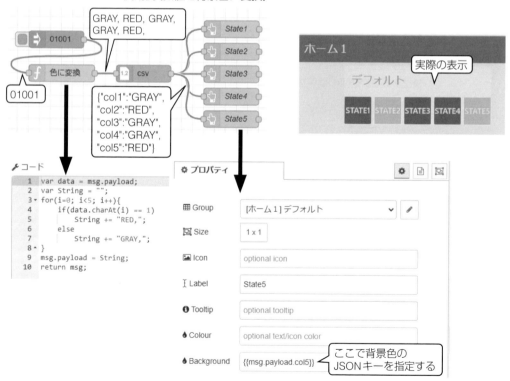

```
1   var data = msg.payload;
2   var String = "";
3   for(i=0; i<5; i++){
4       if(data.charAt(i) == 1)
5           String += "RED,";
6       else
7           String += "GRAY,";
8   }
9   msg.payload = String;
10  return msg;
```

5-6-4 ● グローバル変数の扱い

Node-REDでは、変数としてローカル変数とグローバル変数があります。ローカル変数は、functionノードで一時的に使う変数のようにノード内部だけで使う変数です。グローバル変数はフロー全体で共有できる変数で、どのノードからも参照したり書き換えたりすることができます。

global.get()と
global.set()。

functionノードの中でグローバル変数を読み書きする場合には、関数*を使う必要があります。実際の例で示すと図5-6-4のようになります。

●図5-6-4　functionの使用例（グローバル変数）

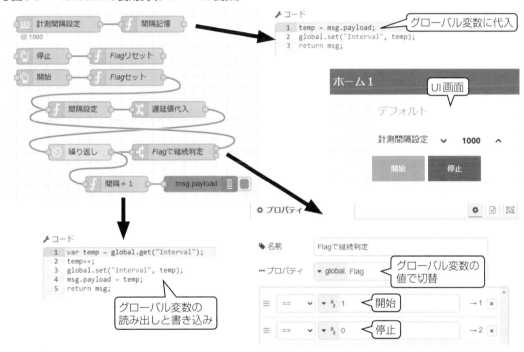

この例はちょっと複雑に見えますが、numericノードで最初に1000msecの周期を指定すると、global.set()という関数でIntervalというグローバル変数に書き込まれます。次に開始ボタンをクリックすると、やはりglobal.set()関数でグローバル変数のHagに1を書き込んで動作を開始します。

動作は、周期ごとに「間隔＋1」のfunctionノードで、global.get()関数を使ってグローバル変数のIntervalを読み出し、＋1して書き直すので、周期を+1しながら繰り返すという動作*をします。

ノードの出力を前の
ノードの入力に接続す
ると繰り返し動作とな
る。

5

実例によるノードの使い方

127

停止ボタンを押すとグローバル変数Flagが0になって、「Flagで継続判定」のswitchノードで、global.Flagの指定でFlagを読み出し、0であればフローを先に続けないため停止します。

　図のようにグローバル変数への書き込みには、「global.set("変数名", 値)」という関数を使い、読み出しには、「global.get("変数名")」という関数を使う必要があります。

　このフローの実行結果は図5-6-5のようになります。

●図5-6-5　実行結果

5-7 execノードの使い方

5-7-1 execノードは外部プログラム呼出し

Linuxのコマンドプロンプト。

execノードは、LinuxのLXTerminal*で実行するコマンドと同じ機能を実行できるノードです。コマンドですから、次のようなことが実行できます。

Linuxの基本コマンド。

❶シェルコマンド*の実行

他のアプリケーションの起動や、シェルスクリプトの実行ができます。

❷外部プログラムの実行

ディレクトリ階層をすべて指定すること。ここでは「/home/pi/」となる。

標準出力関数。

PythonやC言語で作成したプログラムを実行させることができます。プログラムの実行の場合は、フルパス*でプログラムを起動するだけです。C言語の場合は、コンパイル後のexeファイルを起動します。

いずれの場合もpayloadに出力する場合はprintf文*を使います。

Linuxで保持している時刻データ。

実際のexecの使用例が図5-7-1となります。この例では2つのexecノードを使っていて、最初のexecノードで、Pythonのプログラムを呼び出して実行しています。このPythonプログラムでは、現在時刻*を呼び出し、それをしゃべるメッセージに編集して、time.txtというファイルとして保存しています。Pythonを使えば簡単な記述で目的の作業が実行できます。

次のexecノードでは、次の1行のシェルコマンドを実行しています。

```
./aquestalkpi/AquesTalkPi -f time.txt | aplay
```

Aquest社のテキスト読み上げアプリで別途インストールが必要、詳細は6-3節参照。

Linuxのコマンドで、先のコマンドの実行結果を次のコマンドに送って実行させる機能。

コマンドでAquesTalk*というテキスト読み上げアプリを実行し、time.txtの内容を読み上げて、「| aplay」というパイプ*でラズパイの音声出力ジャックに出力します。これでinjectノードにより10分ごとに起動されますから、10分ごとに現在時刻をしゃべります。

●図5-7-1　execノードの使用例

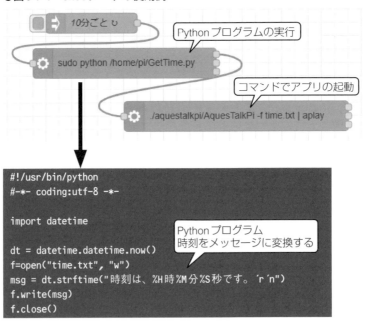

Pythonプログラムの実行

```
sudo python /home/pi/GetTime.py
```

コマンドでアプリの起動

```
./aquestalkpi/AquesTalkPi -f time.txt | aplay
```

```
#!/usr/bin/python
#-*- coding:utf-8 -*-

import datetime

dt = datetime.datetime.now()
f=open("time.txt", "w")
msg = dt.strftime("時刻は、%H時%M分%S秒です。´r´n")
f.write(msg)
f.close()
```

Pythonプログラム
時刻をメッセージに変換する

5-8 templateノードの使い方

5-8-1 templateノードには2種類ある

Web画面を構成する
ための言語でCSSコー
ドと組み合わせて使わ
れる。本書では扱わな
い。
HTML：Hyper Text
Markup Language
CSS：Cascading
Style Sheets

　templateノードの役割は、あらかじめ決められたメッセージに入力された
データを埋め込んで出力することです。このtemplateには、図5-8-1のように、
元の標準パレットにあるものと、「dashboardパレット」を追加すると追加さ
れるものとの2種類があります。標準パレットの方は、任意のメッセージを
構成できますが、ダッシュボードの方は、HTMLコード*を記述するのが前提で、
しかもダッシュボードのUI画面内に配置されることが前提となっています。

●図5-8-1　2つのtemplateノード

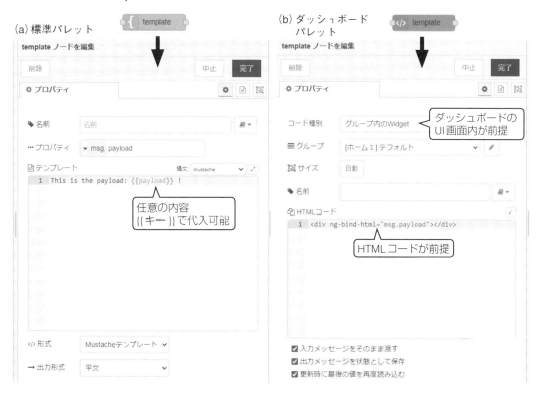

(a) 標準パレット

(b) ダッシュボードパレット

5-8-2 標準パレットの**template**の使い方

標準パレットのtemplateノードの使い方の基本は、図5-8-2のようなメッセージテンプレートを用意しておき、{{key}}[*]で囲われた部分が、JSON形式の入力メッセージに応じて内容が変わるメッセージを出力させることです。

この書式のことを
「Mustache記法」と呼
ぶ。
https://qiita.com/
sengok/items/
1d958348215647a5eaf0

●図5-8-2　標準パレットの**template**の使用例

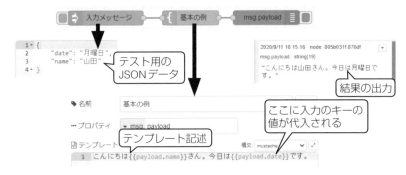

テスト用の
JSONデータ

結果の出力

ここに入力のキーの
値が代入される

テンプレート記述

しかし、実際のtemplateの使用例では、HTMLコードでWebページを構成することに使われることが多くなっています。簡単な例が図5-8-3のようになります。

●図5-8-3　標準パレットの**template**の使用例

結果生成されたWebページ

URLの指定
IPアドレス：1880/testpage

HTMLの指定

HTMLコード

> HTTPの対象を作成し
> Webサービスを構成
> する。

ここでは、「http in*」ノードを使ってURLを指定してGETコマンドを実行しWebページを生成します。このURLは、図のように「ラズパイのIPアドレス:1880/testpage」となります。次のtemplateノードで、HTMLコードを生成し、メッセージとして次の「http response*」ノードに渡しています。このhttp responseノードがWeb Pageとしての中身を供給します。

> http inで受けつけた
> 要求に対する応答を
> 返す。応答内容は
> payloadとなる。

5-8-3　ダッシュボードのtemplateの使い方

> Dashboardで生成され
> るWebページ。node-
> red-dashboardパレッ
> トの追加が必要

ダッシュボードを追加すると追加されるtemplateノードは、UI画面*にHTMLコードで記述した内容を追加するために使われます。標準ノードだけで構成するよりリッチな画面構成が可能となります。

実際の例が図5-8-4となります。ここではUI画面に <img> タグで画像のウィジットを追加しています。その画像にカメラのストリーミング表示のURL*を指定しています。これで図の結果のように、UI画面にカメラ画像を配置することができます。あとはNode-REDのレイアウト設定で配置やサイズを自由にできます。

> 別途mjpg-streamerと
> いうアプリで生成され
> る。詳細は6-2節を参
> 照。

●図5-8-4　ダッシュボードのtemplateの使用例

5-9 MQTT関連ノードの使い方

5-9-1 MQTTとは

本書の製作例で使う軽量プロトコル、MQTT（Message Queue Telemetry Transport）について簡単に説明します。

システム全体の構成イメージは図5-9-1のようになっています。「ブローカ*」と呼ばれる仲介サーバがネットワーク上に存在し、「パブリッシャ」と呼ばれる送信デバイスと、「サブスクライバ」と呼ばれる受信デバイスが複数存在します。パブリッシャから送信されるデータには「トピック」と呼ばれる区別文字列とデータが含まれています。個々のサブスクライバは、どのトピックを受信するかをブローカに登録し、常時ブローカと接続しておきます。

ブローカはパブリッシャからデータを受信したら、そのトピックを判定して、そのトピックに登録されているサブスクライバのすべてに送信します。これでサブスクライバは特定のパブリッシャからのデータのみ受信できることになります。

MQTTのメッセージの構成は簡単で、高速で送受信ができるようになっています。軽量なので、IoTなどに使われる非力なプロセッサでも対応でき、最近よく使われるようになっています。

> それぞれ、Broker、Publisher、Subscriber、Topic。

●図5-9-1 MQTTのシステム構成

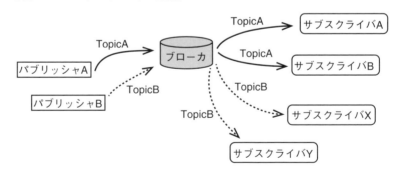

5-9-2　Node-REDでのMQTT

mqtt in、mqtt out。

Node-REDの生い立ちがMQTTのモニタリングから始まっていることによる。

mosca。

node-red-contrib-aedes
パレットを追加したあとリブートが必要。

ここではラズパイ自身のIPアドレスとなる。ポート番号はデフォルトの1883。

Node-REDには、MQTTの受信と送信のノード*が標準パレットに用意*されています。さらに、別途ブローカ用のノード*のパレットもいくつか用意されているので、自分自身をブローカにしながら、サブスクライバやパブリッシャとなることができます。

実際の例として、図5-9-2のように、ラズパイ自身がブローカ兼パブリッシャ兼サブスクライバとなるフローを作成できます。

ブローカ機能は「Aedes MQTT broker*」という非常に高機能のノードが用意されていて、特に設定も必要とせずにブローカが構成できてしまいます。

サブスクライバは「mqtt in」というノードで構成でき、設定では、図のようにサーバ欄の鉛筆マークをクリックして開く設定窓で、ブローカのIPアドレス*とポート番号（1883）を設定します。戻った窓で、受信するトピック名を設定します。

同様にパブリッシャも「mqtt out」というノードで構成でき、設定では、受信のノードと全く同じように、ブローカのIPアドレスとポート番号（1883）、送信するトピック名を設定するだけです。

●図5-9-2　ブローカ兼サブスクライバのフロー

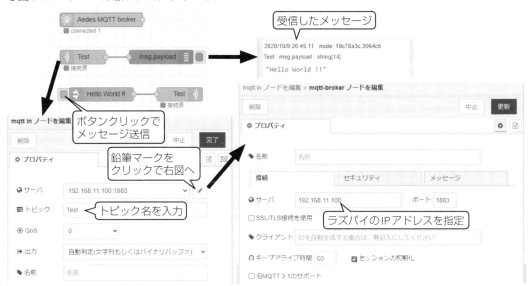

これだけのフローだけでMQTTブローカ兼サブスクライバ兼パブリッシャが構成できてしまいます。

ここでinjectノードのボタンをクリックすると「Hello world !!」がパブリッシュされ、自分自身で受信してデバッグ窓に表示されます。

5-10 GPIOノードの使い方

5-10-1 2つのGPIOパレット

daemon：Linuxに お
いてメモリ上に常駐し
て様々なサービスを提
供するプロセスのこ
と。

Node-REDには、図5-10-1のように、標準パレットで用意されているGPIO
ノードと、別途アプリとして追加できるデーモン動作*のGPIOノード（gpiod）
とがあります。

●図5-10-1 2種類のGPIOパレット

(a) 標準GPIO   (b) 追加GPIO

デーモン動作のGPIOアプリは、もともとRaspbianに同梱されているので、
次のコマンドだけで起動できます。

```
sudo pigpiod ↵
```

さらにNode-REDには、デーモン動作のGPIO用パレットが次のパレット
で追加でき、上記コマンドで起動したデーモン動作のGPIOが使えるようにな
ります。

node-red-node-pi-gpiod

5-10-2 両者の差異

この両者の差異は、入力ノードには差がありません。
出力ノードのPWMモードに大きな差があります。
まず、受け付ける入力メッセージに次のような差があります。

・ 標準GPIO（rpi gpio out）　　：文字の0、1、数値の0、1いずれでも動
　　　　　　　　　　　　　　　　　作する
・ デーモン動作GPIO（pi gpiod）：数値の0、1のみで動作する

次に、PWM動作に大きな差があります。
標準ノードのPWM出力は、PWMのパルス幅がわずかに変動するため、モー

タなどを駆動すると振動してしまいます。

　デーモン動作のGPIOのPWM出力は、パルス幅の変動がほとんどなく安定しているので、モータなどの制御に使っても振動するようなことがありません。

　さらにデーモン動作のGPIO出力には、標準のPWM出力だけでなく、RCサーボ専用の出力モードが用意されていて、図5-10-2のように設定パルス幅をあらかじめ指定し、その範囲を0－100％で指定することができます。この設定数値には、小数点以下を含む実数を使うこともできます。パルス幅で設定できることにより、動作角度を任意に設定できますし、高精度でサーボを動かすことができます。

●図5-10-2　RCサーボの出力モード

第6章

製作例による
Node-REDの使い方

実際の電子工作の製作を通して、Node-REDの使い方
を説明します。
　できるだけノードだけで構成し、プログラムのコード
を記述することは最小限にとどめています。

インターネットラジオの製作

6-1-1 インターネットラジオの全体構成

製作するインターネットラジオは、インターネットで常時放送されている音楽専用番組や、ニュース専用番組などのラジオを、パソコンやスマホ、タブレットなどで選局して直接聴くことができます。

選局するための局リスト*はあらかじめファイルとして作成しておき、その中からの選局になります。局リストは自由に作成できますから、お気に入りの局をリストとして作成するだけです。

製作したインターネットラジオの外観は写真6-1-1となります。市販の専用ケースに入れたRaspberry Pi 3B/3B+*とアンプスピーカ*だけで構成しています。

選択できる局をリストファイルとして登録する。

ZEROにはオーディオジャックが無いので使えない。

パソコン用スピーカなど、アンプ内蔵のスピーカを使う。

●写真6-1-1 インターネットラジオの外観

本書ではすべての製作例をWi-Fi接続としている。

システム全体構成は図6-1-1となります。ラズパイをWi-Fi*でインターネットに接続し、インターネットラジオ局を受信して、直接オーディオジャックから音声として出力します。また、曲の選択と音量調整は、図の右側のようなUI画面で、同じネットワークに接続したパソコンやスマホ、タブレットなどで、Node-REDのUI画面を使って行います。

● 図6-1-1 システム全体構成

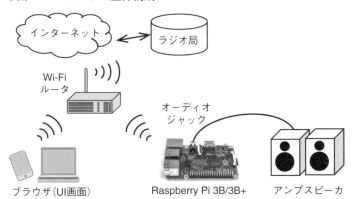

操作するUI画面

6-1-2 ラズパイの準備

　ハードウェアとして準備が必要なのは表6-1-1となります。購入するだけで、ハードウェアとして追加製作するものはありません。ラズパイは、最初に購入する場合は表のような付属品が一式まとめられたキットが便利です。アンプ内蔵スピーカは、パソコン等でお使いのもので大丈夫です。

▼表6-1-1　部品表

種　別	品名、型番	数量	入手先
ラズパイ	Raspberry Pi3 Model B+キット 　電源、SDHCカード、ケース、HDMIケーブル、 　ヒートシンク、カードリーダ	1	アマゾン
スピーカ	アンプ内蔵スピーカ	1	任意

　ハードウェア以外に必要なのは、Node-REDで作成するフローと別途作成する局リストだけです。

　まず、ラズパイのインストールからの準備を説明します。

■1 Raspbianのインストール

　2章の手順にしたがってOSをインストールします。リモートデスクトップを有効化します。インターフェースでは特に有効化が必要なものはありませんが有効化しても問題はありません。さらにIPアドレスの固定化も実行します。この製作例では192.168.11.52*とします。

読者のWi-Fiルータの
アドレスに変更された
い。2-5節参照。

❷ Node-REDの自動起動

次のコマンドでラズパイ起動時にNode-REDが自動起動するようにします。コマンド実行後は常に起動時に自動的に実行を開始します。

```
sudo systemctl enable nodered.service ↵
```

MPD（Music Player Daemon）、MPC（MPD Client）。Linuxのアプリでインターネットラジオを再生できる。

❸ MPDとMPC[*]のインストール

詳細は次項で説明しますが、インターネットラジオを使うためのアプリで、次のコマンドで両方を一緒にインストールします。

```
sudo apt-get install mpd mpc ↵
```

インストールした後、オーディオ出力先を設定するためMPDの構成の編集を行います。まず下記で構成ファイルをnanoエディタで開きます。

```
sudo nano /etc/mpd.conf ↵
```

次に後半部にあるALSA設定の部分の2行を次のように編集します。これでデフォルトのオーディオ機器が選択されます。HDMIでモニタを接続しているとモニタのスピーカが選択され、HDMIが無ければオーディオジャックが選択されます。この変更後、Ctrl + Oで上書きし、Ctrl + Xで保存しエディタを終了したら、リブートして再起動します。

リスト 6-1-1 MPDの構成設定

```
#
# An example of an ALSA output:
#
audio_output {
        type            "alsa"
        name            "My ALSA Device"
        device          "hw:0,0"                # optional
        mixer_type      "software"              # optional
#       mixer_device    "default"               # optional
#       mixer_control   "PCM"                   # optional
#       mixer_index     "0"                     # optional
}
```

deviceの先頭の#を削除

mixer_typeの先頭の#を削除し、さらにhardwareをsoftwareに変更

❹ Node-REDのパレットの追加

MPD、dashboard、shutdownを扱うためのパレットが必要です。WebブラウザでNode-REDを開いてから、次のパレットを追加します。追加方法は3-7節を参照してください。

- node-red-dashboard
- node-red-contrib-mpd
- node-red-contrib-rpi-shutdown

以上で準備完了です。

6-1-3 フローの製作

Linuxのアプリの中に、インターネットラジオを聴くためのアプリケーションとして**MPD**（Music Player Daemon）と、このMPDを操作するためのクライアント**MPC**（MPD Client）というアプリがあり、これを使えばいとも簡単にインターネットラジオが実現できます。

MPDとMPCの関係は図6-1-2のようになっていて、MPDはデーモン*として裏方で動作し、局リスト（Playlist）に基づいて選択された局から、データをダウンロードしながら再生をします。しかしいろいろな操作をすることはできません。その代わりをMPCが行うようになっていて、多くのコマンド操作ができるようになっています。

このMPDを扱うことができる非常に便利なNode-REDのパレットがあり、これを追加すると図6-1-2のように「MPD out」と「MPD in」というノードが追加され、Node-REDのUI画面でMPDを扱えるようになります。結局、MPDとMPCは裏方となり、UI画面だけでコントロールできるようになります。

daemon：Linuxにおいてメモリ上に常駐して様々なサービスを提供するプロセスのこと。

6

製作例によるNode-REDの使い方

●図6-1-2　MPDとMPCの関係

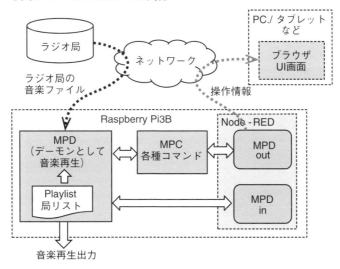

図6-1-2の構成を実現するフローは、MPD inとMPD outのノードのお陰で図6-1-3のように実に簡単な構成となります。上から順に次のような処理となります。

- 局選択のスライダで指定された局の局選択コマンドをMPD outに出力
- MPD inからの情報から局名と曲名を取り出してテキスト表示
- 音量調整のスライダと音量制御コマンドの実行
- SHUTDOWNボタンでシャットダウンを実行

●図6-1-3　インターネットラジオのフロー

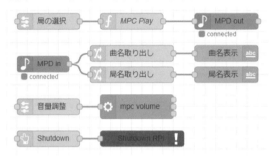

4-4-3節を参照。

さらにこれで構成されるUI画面が図6-1-4となります。ダークのテーマ*で少し格好をつけてみました。局選択は下側のスライダで選択します。音量調整は左側の縦のスライダで行います。下側のSHUTDOWNのボタンは終了させる*ときのボタンです。あとは選択された局の名称と、再生中の曲名が表示されます。

シャットダウン後電源をオフできる。

●図6-1-4　インターネットラジオのUI画面

各ノードの設定を説明します。

1　局選択

図6-1-5となります。MPD outputノードの設定では、①MPD Server欄の矢印をクリックして表示される「localhost:6600」を選択して完了とします。これが表示されない場合は鉛筆マークをクリックして開くダイアログで追加します。また④MPD inputノードも同じように設定します。

スライダノードでは、③局選択のスライダの範囲を1から30としていますが、max値は別途作成する局リストに登録した局数を指定します。②のSize設定では最初は5x1としておき、のちほどレイアウト設定で調整します。

●図6-1-5　局選択ノードの設定

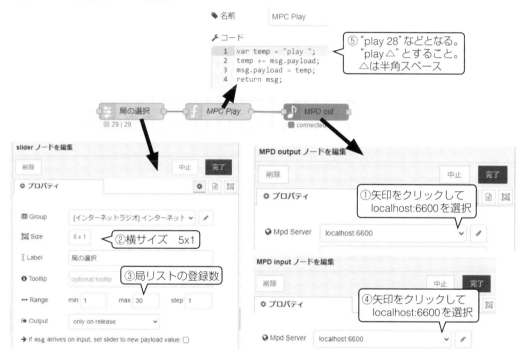

⑤ "play 28" などとなる。
"play△" とすること。
△は半角スペース

①矢印をクリックして
localhost:6600を選択

②横サイズ　5x1

③局リストの登録数

④矢印をクリックして
localhost:6600を選択

・・・・・・・・・・・・・・・
これがMPDの局選択
コマンドになる。

⑤functionノードでは単純にMPD outに渡すコマンドメッセージを生成しているだけで、「play 10*」などのように「play」にスライダで選択した局番号を追加して出力しています。

2　局名と曲名の表示

ノードの設定は図6-1-6のようになります。まず、MPD inノードの設定は不要です。次にchangeノードでMPD inから出力される多くの情報の中からJSONのキー指定で局と曲の情報だけを取り出してtextノードで表示させます。

145

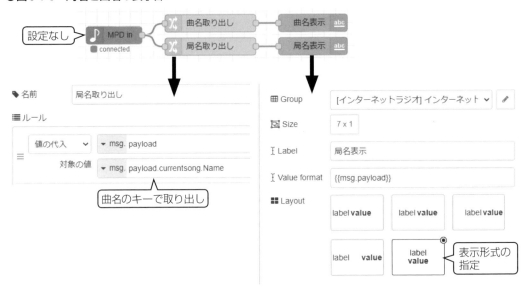

●図6-1-6　局名と曲名の表示部

MPD inノードからはMPD内で変化があったとき、msg.payloadには図6-1-7のように非常にたくさんの情報が、「currentsong」という名前のJSON形式で出力されます。この中から図のように局名（Name）と曲名（Title）の必要な情報だけを取り出し、次のtextノードに渡しています。textノードではLabelとValueを上下2段構成で表示するように設定しています。

●図6-1-7　MPD inの出力内容

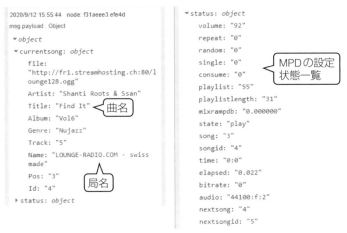

146

3 音量調整

　スライダの制御で図6-1-8のように設定しています。ここでは、execノードでシェルコマンドによりMPCの音量制御コマンドを実行しています。つまりexecノードで、例えば「mpc volume 75」というコマンドを実行しています。75は前の音量調整sliderノードからの値です。このsliderノードは単純に0から100の範囲の縦サイズの音量調整スライダとなっています。

●図6-1-8　音量調節部の設定

4 シャットダウン

　ボタンクリックでshutdownノードを実行しているだけです。shutdownノードには特に設定はありません。

5 レイアウト

図6-2-9を参照。

　最後にUI画面のレイアウトを設定*します。UI画面のレイアウトの設定は、Node-REDのサイドビューでダッシュボードを選択し、配置タブをクリックします。ここでタブの「インターネットラジオ」にマウスオーバーすると［レイアウト］というボタンが表示されますから、これをクリックします。これで左側のレイアウト設定のダイアログが開きます。

「自動」のままだと変更ができない。

　あとは好みのレイアウトに設定するだけです。各ウィジットでサイズを指定*しておけば、このレイアウトダイアログでサイズも位置もドラッグするだけで変更ができます。

●図6-1-9　UI画面のレイアウト設定

以上ですべての設定が完了です。［デプロイ］すれば動作を開始します。ただしまだ局リストがないので、音は出ません。

6-1-4 局リストの作成

インターネットラジオをmpdで聴くときにはPlaylistとしてラジオ局を登録したファイルが必要になります。このPlaylistの作成方法を説明します。

実際に作成するのはPlaylistそのものではなく、その元になるテキストファイルで、拡張子を「.m3u」として作り、それをmpdに読み込ませるとPlaylistとなります。このテキストファイルを「局選択リスト」と呼ぶことにします。

局選択リストの形式は図6-1-10が基本となります。単純に局の名称*とURLを順番に並べているだけです。URLだけでも良いのですが、あとでわからなくなってしまうので追加しています。このリスト作成はラズパイ自身のエディタ*で作成します。

局名称は#を付けたコメント行となっている。

sudo nanoでnanoエディタを使う。

●図6-1-10　局選択リストの例

ヘッダ

1番目の局名称とURL

2番目の局名称とURL

```
#EXTM3U
#EXTINF:-1,Smooth Jazz Florida
http://162.244.80.41:8802
#EXTINF:-1,Smooth 97 The Oasis
http://192.211.51.158:5014
#EXTINF:-1,Love Jazz Florida
http://162.244.80.41:8806
```

```
#EXTINF:-1,Dinner Jazz Excursion
http://64.78.234.165:8240
```

次に、この局名とURLを入手する方法を説明します。この作業はすべてリモートデスクトップ接続でできます。

まずインターネットでラジオ局のリストを集めているサイトをラズパイのデスクトップでWebブラウザ*を使って開いて、そこから取り出します。

ラズパイのデスクトップの左上にあるアイコンで起動できる。

このようなサイトで最も有名なところが「Shoutcast」ですので、ここから取り出します。そのあと、リストとしてまとめ、コマンドで有効化します。手順は次のようになります。

■1 ファイルの新規作成

エディタを開き、次のようにして、ディレクリを/var/lib/mpd/playlists/に移動してから*、nanoエディタを使って「test.m3u」を新規作成し開きます。既存のファイルがあれば自動的にそのファイルが開きます。

コマンドの前にsudoを付加すること。

```
cd /var/lib/mpd/playlists/↵
sudo nano test.m3u↵
```

■2 局リストの追加

ラズパイのWebブラウザ*でShoutcastのサイトを開きます。

パソコンのWebブラウザで作成することもできる。できたファイルをUSBメモリでラズパイにコピーして使う。ただしこのファイルの直接保存は権限が無いのでできない。

http://www.shoutcast.com/

Webブラウザ　　ファイルマネージャ

これで開くページで一番上にあるメニューの[LISTEN]を選択し、さらにこれで開く図6-1-11のページで好きなジャンルを選択すると、局の一覧が表示されます。

① 希望する局のダウンロードアイコンをクリックする
② [Any player(.m3u)]をクリックして「tunein-station.m3u」というファイルをダウンロードする
③ ファイルが「ダウンロード」フォルダに保存される

●図6-1-11　Shoutcastのページ

3 データのコピー

ラズパイのメインメニューから「ファイルマネージャ」を起動し、「/home/pi/ダウンロード」ディレクトリにあるダウンロードしたファイル*を右クリックし、テキストエディタで開くと、図6-1-12のように局名とURLが表示されます。

この部分を、test.m3uのリストにコピーします。同じ局のURLが複数あることがありますが、1つだけコピーすれば大丈夫です。最後に空行があると誤動作するので最後の局で改行だけします。

本書ではラズパイ本体で局リストを作成しましたが、パソコンで作成することもできます。しかし、この場合ファイルをそのままラズパイで使おうとすると、管理者権限が無いと怒られてしまうので、局選択リストをパソコンで作成した場合には、いったんnanoエディタを*使ってtest.m3uを開くか新規作成し、そこにパソコンのファイル内容をコピーしてから保存します。リモートデスクトップ接続では、パソコンのファイルとラズパイのファイル間を自由にコピー、ペーストできるので便利に使えます。

tunein-station.m3u

/var/lib/mpd/playlists/ディレクトリに移動後、sudoコマンドを使って管理者権限で開くこと。

●図6-1-12　局名とURLを取り出す

❹ファイルの保存

test.m3uを保存します。nanoエディタで Ctrl ＋ O で上書きし Ctrl ＋ X * で終了します。あとから局リストを追加、変更する場合も同じように、nanoエディタ*を使ってtest.m3uを開いて編集します。

nanoエディタのコマンド。

/var/lib/mpd/playlists/ ディレクトリに移動後。

❺コマンド実行

ラジオ局を登録したtest.m3uファイルを読み込んでPlaylistにするために、次のコマンドを実行します。このときも/var/lib/mpd/playlists/ディレクトリのままで実行します。

```
mpc  clear↵        # 既存Playlistをクリアする
mpc  load  test↵    # test.m3uを読み込む
mpc  playlist↵      # Plasylistとして生成する
```

これですべての製作が完了しました。すでに動作しているはずですので、UI画面を開いて局選択してみてください。しばらくする*と局名と曲名が表示され、音楽などが聞こえてくるはずです。

停止させるときは[SHUTDOWN]ボタンをクリックし、完全に停止してから電源を切ってください。

ラジオ局により接続までに時間がかかることがある。

6

製作例によるNode-REDの使い方

6-2 リモートカメラの製作

6-2-1 リモートカメラの概要と全体構成

ラズパイとカメラを組み合わせて、出かけ先から室内の映像を監視できるリモートカメラを製作します。これで侵入者やペット、熱帯魚などの様子を外出先からでもスマホやパソコンでいつでも監視できます。

リモートカメラの外観は写真6-2-1のようになります。ラズパイZEROとカメラで構成し、カメラは上下左右に動かせる市販のマウントに組み込みました。さらにマウントには2個のRCサーボを組み込んで動かします。ラズパイ用拡張基板に、RCサーボ*接続用のヘッダピンを実装しています。

ラジコン用のサーボモータで、パルス幅により約180度の範囲で角度制御ができる。

●写真6-2-1　リモートカメラの外観

このリモートカメラの全体構成は図6-2-1となっています。ラズパイZEROに、ラズパイ用カメラと、RCサーボを2台接続しているだけです。RCサーボはラズパイに直接接続できるので、特別な回路追加は必要なく、接続のためのヘッダピンを追加するだけです。あまりにも簡単なので、シャットダウン用のスイッチも追加することにしました。このヘッダピンとスイッチをラズパイ用の拡張基板に実装します。スイッチには10kΩのプルアップ抵抗*を図のように電源との間に追加して、スイッチのオンオフが区別できるようにしています。

電源に接続する抵抗のこと。GNDに接続する抵抗はプルダウン抵抗と呼ぶ。3-1-2項を参照。

このラズパイをWi-Fi経由でネットワークに接続し、どこからでもパソコンやスマホで見られるようにします。さらにDDNS*を使って外出先でもみることができるようにします。

ダイナミックDNSとも呼ばれ、家庭用のルータの変化するグローバルアドレスとURLの紐づけをする。

● 図6-2-1 リモートカメラの全体構成

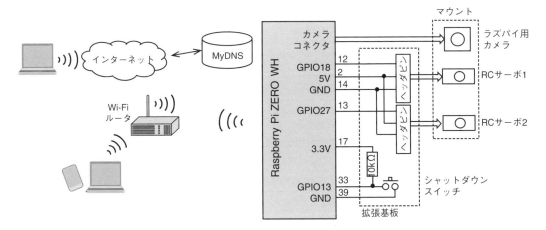

6-2-2 ハードウェアの製作

1 回路

まず拡張基板の製作です。図6-2-1をもとに作成した回路図と組立図が図6-2-2となります。

● 図6-2-2 拡張基板の回路図と組立図

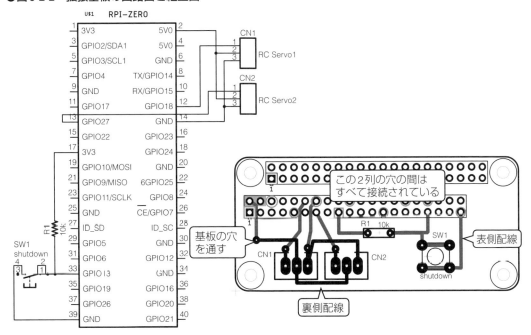

②部品

全体の組み立てに必要な部品は表6-2-1となります。ラズパイのインストール時だけに必要なものは省いています。

▼表6-2-1　部品リスト

型　番	種　別	品名、型番	数量	入手先
RPI-ZERO	ラズパイ	Raspberry Pi ZERO WH	1	秋月電子通商
	ヒートシンク	ラズパイ用放熱器	1	
	マイクロSD	SDカード　16GB/32GB　クラス10	1	
カメラ	カメラ	Camera Module V2	1	アマゾン
	マウント	SG90サーボ用2軸カメラマウント	1	
	ケーブル	ラズパイゼロ用カメラケーブル	1	
サーボ	RCサーボ	SG90相当品	2	秋月電子通商
R1	抵抗	10kΩ　1/6W　または　1/4W	1	
CN1、CN2	ヘッダピン	角ピンヘッダ　3×1列	2	
SW1	タクトスイッチ	基板用小型タクトスイッチ	1	
基板	基板	Raspberry Pi ZERO用ユニバーサル基板	1	
	ピンソケット	2列×20(40P)　8.5mm高さ	1	
	スペーサ	貫通型 高さ3mmまたは5mm	4	
	スペーサ	高さ10mm　ねじ付き	2	
電源	ACアダプタ	Micro Bオス、5V 3A	1	
その他	線材	ポリウレタン線 0.4mmまたは耐熱電子ワイヤー	少々	
		M3　ボルトナット	少々	
		ゴム足	少々	
		2mm厚　アクリル板	少々	東急ハンズ等

③組み立て

ラズパイZERO用の拡張基板を使い、配線にはポリウレタン線を使いました。この線材は、表面はポリウレタンで絶縁されているのですが、はんだごてで熱を加えると、加えた部分だけポリウレタンが溶けて銅線が現れ、はんだ付けが可能になります。細い線材なので基板の穴を通して、表側から裏側に通せますから、便利に使えます。耐熱電子ワイヤーの細めの線材でも構いません。

完成した拡張基板の外観が写真6-2-2となります。

●写真6-2-2　完成した拡張基板

■4 RCサーボ

　次に、ここで使ったRCサーボは小型のSG90型というもので、多くの相当
品が販売されているので、相当品でもほとんど問題ありません。このRCサー
ボの外観と仕様は図6-2-3のようになっています。制御電圧が3.3Vからとなっ
ているので、ラズパイのPWM出力で直接制御ができます。

●図6-2-3　RCサーボSG90の外観と仕様

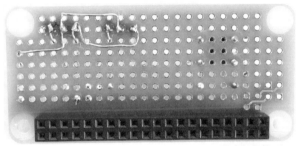

橙：制御信号
赤：電源
茶：グランド

仕様
・型番　　　：SG90
・PWM周期　：20ms
・デューティ：0.5ms〜2.4ms
・制御角　　：±約90°（180°）
・トルク　　：1.8kgf·cm
・動作速度　：0.1秒/60度
・動作電圧　：4.8V〜5V
・制御電圧　：3.3V〜6V
・温度範囲　：0℃〜55℃
・外形寸法　：22.2×11.8×31mm
・重量　　　：9g

0.5〜2.4ms
デューティ

20ms（50 Hz）
PWM Period

■5 カメラマウント

　カメラとRCサーボは写真6-2-3のような市販のマウントに組み込みました。
これで上下左右にカメラの向きをコントロールできます。カメラのケーブル

ラズパイ側のコネクタ
が小さくなっている。

は標準品ではなく、ZERO用*のものが別途必要となります。マウントの組み
立ては添付される説明書どおりにすれば簡単に組み立てできます。ただし、
そのままではカメラ本体の固定ができないので、穴を2か所あけて固定する
必要があります。

　このマウントとラズパイ本体をアクリル板に固定して全体の組み立てが完
了します。この固定方法やケースなどは読者の好みで自由にしてください。

●写真6-2-3　カメラ用マウント

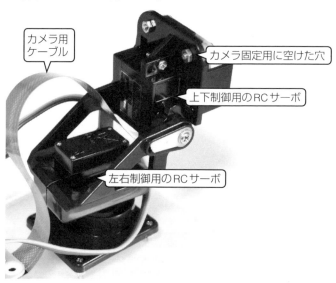

- カメラ用ケーブル
- カメラ固定用に空けた穴
- 上下制御用のRCサーボ
- 左右制御用のRCサーボ

6-2-3　ラズパイの準備

　ハードウェアの製作が完了したので、次にNode-REDのフローを製作します。
その前に、他の製作例と同様、ラズパイの準備作業としてOSのインストール
と次の作業を行います。ここでは特に動画のストリーミングを行うので、そ
のためのアプリケーションのインストールが必要です。手順は次のようにし
ます。

■Raspbianのインストール

　2章の手順にしたがってOSをインストールします。インストール後リモー
トデスクトップを有効化します。インターフェースではカメラを有効化します。
さらにIPアドレスの固定化も実行します。この製作例では192.168.11.54*と
します。

読者のお使いのWi-Fi
ルータのアドレスに合
わせる。

2 Node-REDの自動起動

リモートデスクトップ接続の場合はsudoを付加してrebootコマンドを実行する必要がある。

次のコマンドでNode-REDが起動時に自動起動するようにします。このあといったん再起動*（Reboot）します。

```
sudo systemctl enable nodered.service↵
sudo reboot↵
```

3 mjpg_streamerアプリ*のインストール

Linuxの標準的なアプリだが、ここではラズパイ用を使う。

再起動後、ラズパイ用動画ストリーミング用アプリを次の手順でインストールします。必要な関連ライブラリも一緒にインストールします。

```
sudo apt-get install libjpeg9-dev cmake↵
sudo git clone https://github.com/jacksonliam/mjpg-streamer.git mjpg-streamer↵
cd mjpg-streamer/mjpg-streamer-experimental↵
sudo make↵
```

このままではディレクトリが長すぎて扱いにくいのでフォルダごと移動します。

```
cd↵
sudo mv mjpg-streamer/mjpg-streamer-experimental /opt/mjpg-streamer↵
```

4 gpiodアプリの起動

デフォルトのgpioノードをPWMに設定した場合。

daemon：Linuxにおいてメモリ上に常駐して様々なサービスを提供するプロセスのこと。

RCサーボをPWM制御するとき、標準のPWM制御*ではデューティが常時変動するためRCサーボが安定せず、常時細かく振動してしまいます。そこで、デーモン*で動作するgpiodアプリのPWMを使うとデューティがピタリと一定値になるので、安定な動作ができます。このgpiodアプリは基本のOSに含まれているので、次のコマンドで起動するだけです。ここでは次のステップで自動起動時にこのコマンドも実行するようにしています。

```
sudo pigpiod↵
```

5 mjpg-streamerとgpiodを起動時に自動起動とする

次のシェルスクリプト（start_streamer.sh）を作成し、起動時に自動実行するよう設定するためrc.localファイルをnanoエディタで編集します。

```
sudo nano /etc/rc.local↵
```

nanoエディタで Ctrl + O で 書き込み、Ctrl + X で終了。

でファイルを開き、exitの前に図6-2-4のように次の1行を追記します。
追記したら保存して終了*します。

```
sudo sh /home/pi/start_stream.sh
```

●図6-2-4　rc.localに追記

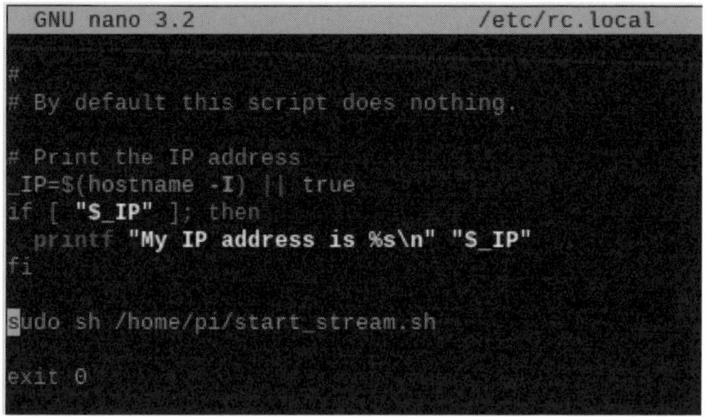

```
GNU nano 3.2                              /etc/rc.local
#
# By default this script does nothing.

# Print the IP address
_IP=$(hostname -I) || true
if [ "$_IP" ]; then
  printf "My IP address is %s\n" "$_IP"
fi

sudo sh /home/pi/start_stream.sh

exit 0
```

・・・・・・・・・・・・・・・・
nanoエディタで Ctrl
＋ O で 書 き 込 み、
Ctrl ＋ X で終了。

・・・・・・・・・・・・・・・・
LD_LIBRARY_PATH=
の部分は1行で記述。

さらに次のコマンドでnanoエディタを開き、シェルスクリプトを作成し保存*します。これでストリーム画像のサイズやフレームレート*などを指定しています。

```
sudo  nano  start_stream.sh↵
```

シェルスクリプトの内容は次のようにします。elseの次の行は長いですが、1行として記述します。アンダーバーとハイフンに注意してください。

```
#!/bin/bash
if pgrep mjpg_streamer > /dev/null
then
    echo "mjpg_streamer already runnning"
else
    LD_LIBRARY_PATH=/opt/mjpg-streamer/ /opt/mjpg-streamer/mjpg_streamer -i
        "input_raspicam.so -fps 20 -q 50 -x 480 -y 320" -o "output_http.so -p 8010
        -w /opt/mjpg-streamer/www" > /dev/null 2>&1&
    echo "mjpg_streamer started"
fi
sudo pigpiod
```

6 Node-REDのパレットの追加

dashboard、shutdown、gpiodを扱うためのパレットが必要です。WebブラウザでNode-REDを開いてから次のパレットを追加します。追加方法は3-7節を参照してください。

- ・ node-red-dashboard
- ・ node-red-node-pi-gpiod
- ・ node-red-contrib-rpi-shutdown

以上で準備完了です。

6-2-4 ● フローの製作

作成したフローは図6-2-5とかなり簡単な構成です。上から順に次の機能を
実行します。

- 動画ストリーミング画像をダッシュボードに常時表示する
- 2台のRCサーボを上下と左右のgpiodのスライダで制御する
- スイッチかダッシュボードのボタンでシャットダウンする

●図6-2-5　フロー図

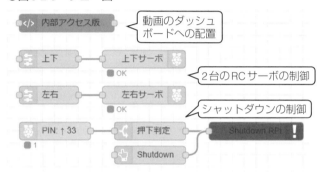

これで表示されるUI画面が図6-2-6となります。こちらもダークのテーマ
にしました。動画が大きく表示され、左と下のスライダでカメラの向きをリ
モコンします。シャットダウンボタンは、終了させるときクリックします。

●図6-2-6 UI画面

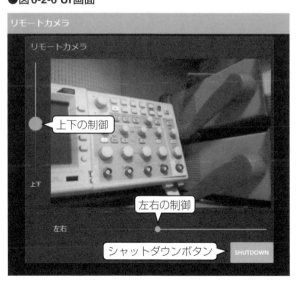

各ノードの設定を説明します。

◼ 動画の表示

dashboardのtemplateノードを使って、図6-2-7のような設定とします。ダッシュボードのタブとグループを指定して表示するグループを指定します。次にサイズを設定したあと、HTMLコードには<img>タグで動画ストリーム画像が表示されるURLを指定します。このURLはmjpg-streamerアプリで表示出力するアドレスです。ここの設定ではラズパイのIPアドレス*を直接指定しているので、同じネットワーク内だけで表示可能となります。これで動画ストリームの画像をダッシュボード内に配置できます。

URLにラズパイのIPアドレスを使うが、ここは読者の環境のIPアドレスに変更されたい。

●図6-2-7　templateノードの設定

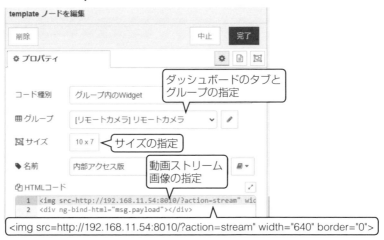

◼ RCサーボ制御

sliderノードとpi gpiodノードの設定となり、図6-2-8のように設定します。スライダはサイズの設定で縦方向と横方向となるようにします。また設定数値を100から0にして逆向きとしています。これはカメラの動きの方向と合わせるためです。gpiodの設定ではピンを指定し、サーボ出力としたあと、パルス幅をµsec単位で指定します。RCサーボ本体は図6-2-3のように500µsecから2400µsecまで可能ですが、実際の可動範囲*を見ながらパルス幅を制限しています。上下方向はGPIO27で1000から2200µsecと下側をかなり制限しています。

マウントの構造上180度は動かせないため。

●図6-2-8　sliderノードとpi gpiodノードの設定

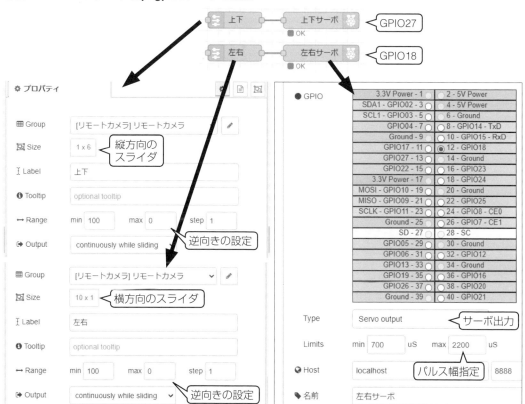

3 シャットダウンスイッチ処理

図6-2-9のようになります。スイッチはGPIO13に接続しているのでGPIO13を選択し、抵抗でプルアップはしているのですが、念のため内蔵プルアップも有効化しておきます。さらにチャッタリング対策*として25msecは次の入力を無視するようにしています。このあとのswitchノードでは0入力のとき、つまりスイッチがオンのときだけshutdownノードをトリガするようにしています。

バウンスともいう。メカニカルなスイッチが数回弾んでから接触するためオンオフを短時間で繰り返し入力されるのを避ける対策をする。

製作例によるNode-REDの使い方

●図6-2-9　シャットダウンスイッチ処理部の設定

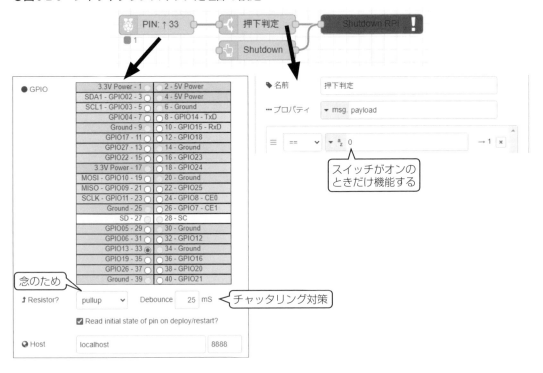

以上でフローの設定は終了です。これでデプロイしてからリブートして再起動すれば、UI画面で図6-2-6のように表示されるはずです。

6-2-5　インターネットに公開する

全体の製作が完了したところで、機能拡張をします。現状では、同じネットワーク内からしかUI画面を見ることができません。これをインターネット経由でどこからでもアクセスできるように拡張します。

インターネットに公開するためにはグローバルアドレス*で固有のURL*でアクセスできるようにする必要があります。しかし家庭用のルータにはプロバイダがグローバルアドレスを割り付けていて、しかも一定時間ごとに変更してしまいます。したがって家庭用ルータで固定のグローバルIPアドレスのサーバにすることはできません。

しかし、この変更されるアドレスを常時監視していて自動的に固有のURLとグローバルアドレスを紐付けてくれるサービスがあります。これがDDNS*と呼ばれる機能で、この機能を無料でサービスしてくれるサイトがいくつかあります。

・・・・・・・・・・・・・・・
インターネットに公開される世界唯一のIPアドレス。内部だけのアドレスはプライベートアドレスと呼び、アドレスの範囲が限定されている。
・・・・・・・・・・・・・・・
IPアドレスではなく名前で呼び出されるようにする。
・・・・・・・・・・・・・・・
ダイナミックDNSとも呼ばれ、変化するグローバルアドレスとURLの紐づけをする。

本書ではこれに「MyDNS.JP」というサイトを使うことにしました。使い方は次のようにします。

❶ ドメイン名の登録

まず、MyDNSのサイト「http://www.mydns.jp」で開くページでユーザー登録をします。登録するとメールでユーザーIDとパスワードが送られてきますから、これを使ってログインします。

ログインすると図6-2-10の画面となります。ここで上側にある [DOMAIN INFO] をクリックするとドメイン名*登録の画面になります。この画面の下の方に図の右のようなドメイン名を入力する欄があります。ここで入力できるドメイン名は図6-2-10の左下部に示されたものの中から任意に選べます。この「???」の部分を適当な名称に変更して登録します。本書では「room」としています。これだけの入力で [CHECK] をクリックすればドメイン登録要求が完了します。

同じ名称が既に使われていなければ、世界唯一と認められて正常に登録され、完了通知がメールで届きます。これで新規ドメイン名が確保されています。すでに同じものがあればエラーとなるので、名称を変更してやり直します。

> インターネット上の住所、URLの一部となる。世界唯一の名称である必要がある。

● 図6-2-10　ドメイン名の登録画面

❷ ルータの設定

これでルータまでは公開できたので、ルータの設定で、ラズパイをこのグローバルアドレスに割りつけます。これでラズパイを外部から自由にアクセスできるようになります。

筆者の自宅ルータでは図6-2-11のような［ポート変換］という設定項目があり、LAN側にラズパイのIPアドレスを入力、ポートには1880と入力しただけで、簡単に変換設定できました。さらにもうひとつのポート8010も変換に追加します。これでストリーム画像も公開されます。

これで外部から「room.mydns.jp:1880/ui」をURLとしてアクセスするとポート番号により自動的にラズパイのIPアドレスに振り分けて接続してくれます。

●図6-2-11　ルータのポート変換の設定

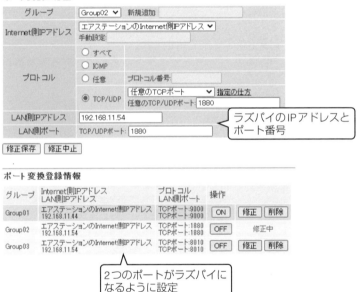

❸ template ノードの変更

もう1つ設定変更が必要です。サーバのNode-REDのフローでtemplateノードを、図6-2-12のようにIPアドレス部をURLに変更する必要があります。

以上の設定で、「room.mydns.jp:1880/ui」というURLでインターネットのどこからでもラズパイのブラウザ画面にアクセスできるようになります。

●図6-2-12 templateノードの変更

template ノードを編集

| 削除 | | 中止 | 完了 |

☆ プロパティ

コード種別 : グループ内のWidget

⊞ グループ : [リモートカメラ] リモートカメラ

⊡ サイズ : 10 x 6

🏷 名前 : 外部アクセス版   IPアドレスをURLに変更する

🗎 HTMLコード

```
1  <img src=http://room.mydns.jp:8010/?action=stream" wid
2  <div ng-bind-html="msg.payload"></div>
```

❹定期的なログインの設定

このあともう1つ作業があります。MyDNSを使う場合、ルータに割り当てられているグローバルアドレスを一定時間間隔で通知して更新してもらう必要があります。このため一定時間間隔でMyDNSにログインする必要があります。これには、Linuxのcrontab*コマンドを使います。

リモートデスクトップ接続でLXTerminalを開いて、次のコマンドを実行して、crontabの編集をします。

> 一定時間や時間間隔でコマンドを実行するシステム。

```
crontab  -e ↵
```

これで開くファイルで、図6-2-13のように1行を追加します。mydnsIDとmydnsPassの部分は、読者がmydnsに登録した際にメールで送信されてきたIDとパスワードにしてください。これで30分ごと*に自動的にmydnsにログインしてくれます。

> 実際にはもっと長い間隔（最大12時間程度）でも問題ない。

●図6-2-13 crontabの編集

メータ表示の温度計の製作

6-3-1 メータ表示温度計の概要と全体構成

　Node-REDでものを動かすという例題として、RCサーボを使って温度をメータパネルで指針表示させます。外観は写真6-3-1のようになります。

　メータパネルはアクリル板で製作し、その指針をRCサーボで動かします。この指針の角度を温度に比例させて動かします。また赤と青のLEDも温度に合わせてPWM制御で明るさを制御します。

●写真6-3-1　メータ表示温度計の外観

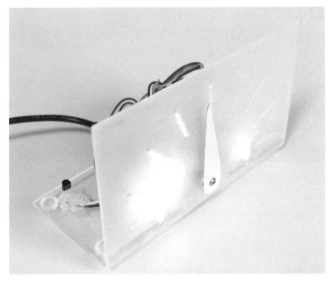

　メータ表示温度計の全体構成は図6-3-1のようにしました。ラズパイには小型のZEROを使い、温度センサには1WIREインターフェースという1本の線でデータをデジタル通信で送信するセンサを使いました。Node-REDの開発時だけネットワークでパソコンと接続しますが、その後は単独で動作します。

　指針表示だけでなく、色でも温度を表現すべく、赤と青のLEDをPWM制御で温度に合わせて強さを変化させています。このLEDにやや多めの電流を流せるよう、ラズパイの出力にトランジスタを追加しています。

●図6-3-1 メータ表示温度計の全体構成

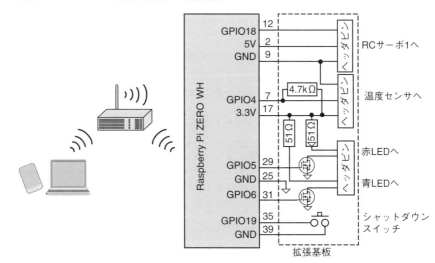

6-3-2 ハードウェアの製作

1 温度センサ

metal-oxide-
semiconductor field-
effect transistor
ゲートに加える電圧で
ドレイン-ソース間の
電流を制御するデバイ
ス。駆動用の定常電流
が非常に低く、オン抵
抗が低いので大電流を
制御できる。

信号線を電源線に接続
する抵抗のこと。

この製作例で新たに使う部品は温度センサとMOSFET*トランジスタです。
まず、1-Wireの温度センサDS18B20は図6-3-2のような外観と仕様になって
います。1本の線でデータをデジタル送受信します。このためラズパイ側で
接続するピンがGPIO 4と決まっていて、プルアップ抵抗*を必要とするので、
注意してください。このセンサを使うためのNode-REDのノードが用意され
ているので、特に設定などは必要なく簡単に使えます。

●図6-3-2 温度センサDS18B20の外観と仕様

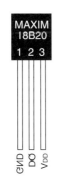

仕様
・型番　　　：DS18B20
・パッケージ：TO-92
・電源　　　：3.0V〜5.5V
・消費電流　：Typ 1mA（動作時）
・接続　　　：1-Wireデジタル
・温度範囲　：−55℃から125℃
・精度　　　：±0.5℃（ 10·〜85℃）
　　　　　　　±2℃（−55〜125℃）
・分解能　　：9、10、11、12ビット
　　　　　　　（デフォルト12ビット）
・変換速度　：94ms（9bit）
　　　　　　　750ms（12bit）

接続図

GND DQ VDD

4.7k

ラズパイ

1-Wire

❷ トランジスタ

次に、LEDの多めの電流を駆動するために使うトランジスタで、本書では、図6-3-3のようなMOSFETタイプの小型トランジスタ2N7000を使いました。これで最大100mA以上の電流が流せますからLEDを十分駆動できます。さらにMOSFETなのでゲート（G）端子に加える電圧だけでオンオフを制御できますから、ラズパイの負担はほとんどありません。

●図6-3-3　2N7000の外観と仕様

仕様
- ・型番　　　 ：2N7000
- ・パッケージ：TO-92
- ・DS間電圧　：Max 60V
- ・DS間電流　：Typ 115mA　Max 280mA
- ・オン抵抗　：Typ 1.7Ω　　Max 7.5Ω
- ・オン電圧　：Typ 0.1V　　Max 1.5V

回路記号

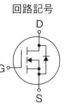

❸ 回路

これらの部品を使って拡張基板を製作します。図6-2-1をもとに作成した回路図が6-3-4となります。

●図6-3-4　回路図

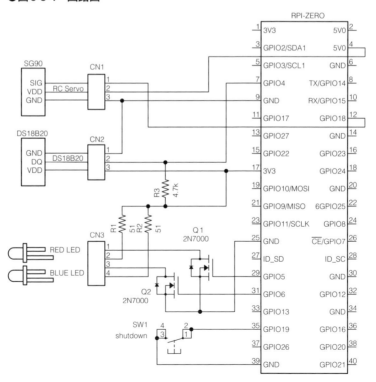

　　RCサーボ、温度センサ、2個のトランジスタ、2個のLEDを接続するためのヘッダピンと、シャットダウン用のスイッチを拡張基板に組み込みます。それぞれの部品とはコネクタケーブルを作成して接続しています。このコネクタ接続には圧着工具*が必要になりますが、はんだ付けでもできます。

ピンの枠を押しつぶしてケーブルを固定するための道具。

4 部品

　　必要な部品は表6-3-1のようになります。アクリル板などは読者の好みのケースなどに実装しても構いません。

▼表6-3-1　部品リスト

型　番	種　別	品名、型番	数量	入手先
RPI-ZERO	ラズパイ	Raspberry Pi ZERO WH	1	秋月電子通商
	マイクロSD	SDカード16/32GBクラス10	1	
	ヒートシンク	ラズパイ用放熱器	1	アマゾン
Q1、Q2	MOSFET	トランジスタ　2N7000	2	
R1、R2	抵抗	51Ω　1/6W　または　1/4W	2	
R3	抵抗	4./kΩ　1/6W　または1/4W	1	
CN1、CN2	ヘッダピン	角ピンヘッダ　3×1列	2	
CN3	ヘッダピン	角ピンヘッダ　4×1列	1	
SW1	タクトスイッチ	基板用小型タクトスイッチ	1	
基板	基板	Raspberry Pi ZERO用ユニバーサル基板	1	
	ピンソケット	2列×20(40P)　8.5mm高さ	1	
外部部品	RCサーボ	マイクロサーボ　SG90	1	秋月電子通商
	温度センサ	DS18B20＋	1	
	LED	3mm　赤、青	各1	
	スペーサ	貫通型 高さ3mmまたは5mm	4	
	スペーサ	高さ10mm　タップ付き	2	
	コネクタ	コネクタ用ハウジング　3P	2	
		コネクタ用ハウジング　4P	1	
		ケーブル用コネクタ（QIコネクタ）	10	
	ACアダプタ	Micro Bオス、5V 3A	1	
その他	線材	ポリウレタン線0.4mmまたは耐熱電子ワイヤー	少々	
	線材	耐熱ワイヤ	少々	
		M3　ボルトナット	少々	
		ゴム足	少々	
		2mm厚　アクリル板 アクリル接着剤	少々	東急ハンズ等

製作例によるNode-REDの使い方

6

⑤組み立て

　組立図は図6-3-5となります。組み立てには、ラズパイZERO用の拡張基板を使い、配線にポリウレタン線を使いました。この線材は、表面はポリウレタンで絶縁されているのですが、はんだこてで熱を加えるとポリウレタンが溶けて銅線が現れ、はんだ付けが可能になります。細い線材なので基板の穴を通して、表側から裏側に通せますから便利に使えます。トランジスタの部分がちょっと混み入っていますが、間違いのないように配線します。細目の耐熱電子ワイヤーでもかまいません。

●図6-3-5　拡張基板の組立図

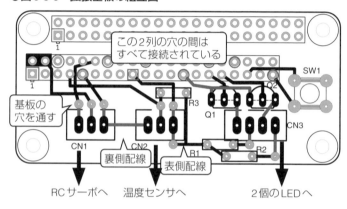

　完成した拡張基板の外観が写真6-3-2となります。

●写真6-3-2　拡張基板の外観

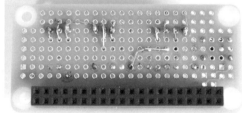

　全体の組み立ては、写真6-3-3のように、アクリル板を直角に接着して作りました。前面パネルには目盛の線をカッターなどで線を刻み込んで見えるようにします。目盛は180度の範囲で0℃から40℃を表すので、5℃ごとの8分割で9個の目盛を刻み込みます。

　前面パネルの中央下側に穴をあけてRCサーボの回転部が前にでるようにします。ここに厚手の紙などで指針を作って固定します。RCサーボ本体は両面接着テープで固定しています。LEDも前面パネルの左右の適当な位置に穴をあけて接着剤で固定します。

　LEDで前面パネルが全面で光るように、前面のアクリル板をサンドペーパーでスモーク様にしてみましたが、LEDが明るすぎてうまく減光できていません。

　温度センサは、ラズパイの近くに置くとラズパイの発熱の影響を受けますから、配線を長めにして、できるだけ離して底面アクリル板に両面接着テープなどで固定します。底面アクリル板にはゴム足を張り付けて滑り止めにするとともに浮かせています。

●写真6-3-3　全体の組み立て

アクリル板

6-3-3　ラズパイの準備

　ハードウェアの製作が完了したら、次にNode-REDのフローを製作します。その前に、他の製作例と同様、ラズパイの準備作業として、OSのインストールと追加の作業を行います。この製作例では特に追加するアプリケーションはありません。

■1■ Raspbianのインストール

　2章の手順にしたがってOSをインストールします。

　その後、リモートデスクトップを有効化します。インターフェースでは

アドレスは読者のお使いのWi-Fiルータのアドレスに合わせる。2-5節参照。

1-Wireを有効化します。さらにIPアドレスの固定化も実行します。この製作例では192.168.11.51*とします。

2 Node-REDの自動起動

次のコマンドでNode-REDが起動時に自動起動するようにします。

```
sudo systemctl enable nodered.service ↵
```

3 gpiodの自動起動

gpiodアプリを起動時に自動起動させるため、次のようにnanoエディタでrc.localファイルを開いて図6-3-6のように、「/usr/bin/pigpiod」の1行を追記します。上書きして保存したらRebootで再起動します。

```
sudo nano /etc/rc.local ↵
```

●図6-3-6　rc.localへの追記

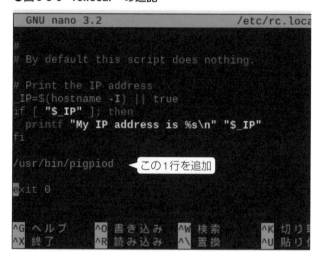

4 Node-REDのパレットの追加

shutdown、gpiod、温度センサ(DS18B20)を扱うためのパレットが必要です。WebブラウザでNode-REDを開いてから、次のパレットを追加します。追加方法は3-7節を参照してください。

- node-red-node-pi-gpiod
- node-red-contrib-rpi-shutdown
- node-red-contrib-ds18b20-sensor

以上で準備完了です。

6-3-4 フローの製作

作成したフローは、図6-3-7のようになります。上から順に次の2つの機能を果たしています。

- 30秒ごとに温度センサからデータを取得し、サーボの角度制御と赤と青のLEDのPWM制御を行う
- シャットダウンスイッチの制御

●図6-3-7 フロー図

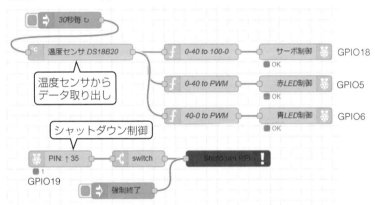

このフローでは、UI画面は使っていないので、ダッシュボード関連はありません。

各ノードの設定を説明します。

■1 サーボ制御

図6-3-8のようになります。温度センサDS18B20は専用のノードが用意されていて、特に設定が必要な項目はありません。これで出力メッセージには温度値が直接出力されます。その温度を次のfunctionノードで温度の0℃から40℃の範囲をサーボの100%から0%に割り付けます。これで表示する温度範囲が0℃から40℃に制限され、さらにサーボのPWMの回転方向が反対となります。

サーボの制御には、デーモン動作※のgpiodノードを使います。このノードのPWM制御はパルス幅がふらつかないので、サーボは設定された位置で安定に停止します。gpiodノードの設定では、GPIO18ピンを使い、Servoとして設定してパルス幅を500μsecから2400μsecのSG90サーボ※の目いっぱいの範囲とします。これでほぼ180度の回転動作となるので、0℃から40℃を180度の範囲で表示することになります。

daemon：Linuxにおいてメモリ上に常駐して様々なサービスを提供するプロセスのこと。

仕様は図6-2-3を参照。

6
製作例によるNode-REDの使い方

173

●図6-3-8　サーボ制御部

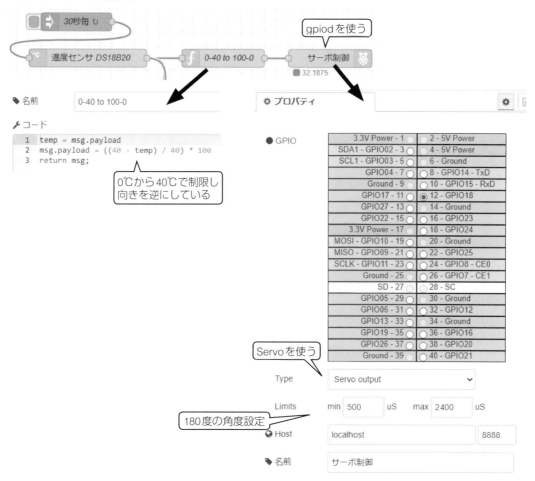

```
1  temp = msg.payload
2  msg.payload = ((40 - temp) / 40) * 100
3  return msg;
```

0℃から40℃で制限し
向きを逆にしている

②LEDの制御

　図6-3-9のようにしました。functionノードで、赤の場合は温度が高いほど
PWMの値を大きくして明るく光るようにし、青の場合は、逆に温度が低いほ
ど明るくなるように設定しています。この明るさ具合は結構難しく、LEDが
超高輝度タイプであったため、PWMが小さな値でも結構明るく光ってしまい、
期待通りの動作にはなっていません。このあたりは読者の工夫に期待します。
　赤と青のLEDは、gpiodノードで標準のPWM動作としています。したがって、
0%から100%の間の設定値で動作することになります。

●図6-3-9　LED制御部

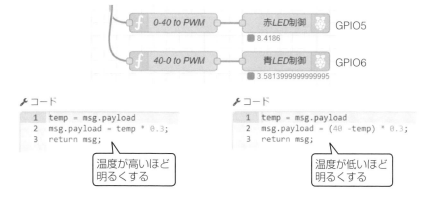

```
1  temp = msg.payload
2  msg.payload = temp * 0.3;
3  return msg;
```

温度が高いほど
明るくする

```
1  temp = msg.payload
2  msg.payload = (40 -temp) * 0.3;
3  return msg;
```

温度が低いほど
明るくする

3 シャットダウン

　残りはシャットダウンの機能を実行する部分ですが、ここは他の製作例と同じで、スイッチのオンのときだけshutdownノードが動作するようにしています*。設定ではpullupを指定します。

図6-2-9参照。

　以上の設定ですべて完了です。これでデプロイすれば動作を開始します。ラズパイの起動後に自動的に動作を開始しますが、ZEROの動作速度が遅いため起動に数分かかるので、気長に待ってください。

製作例によるNode-REDの使い方

6-4 環境情報表示板の製作

6-4-1 環境情報表示板の概要と全体構成

　次は、部屋の中の時刻や温湿度、気圧などの環境情報を液晶表示器に常時表示し、30分ごとに、現在時刻と今日と明日の天気予報をしゃべる壁掛けパネルを製作します。環境情報表示板の外観は写真6-4-1のようになります。1枚のアクリル板にラズパイ3B/3B+と拡張基板、複合センサ、スピーカ、液晶表示器を実装しています。

●写真6-4-1　環境情報表示板の外観

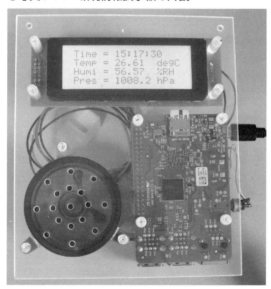

　この環境情報表示板の全体構成は、図6-4-1のようになっています。ラズパイには音声出力が必要なので、モデル3Bか3B+を使います。さらにこの音声を拡張基板に実装したオーディオアンプで増幅してスピーカを鳴らします。天気予報は、インターネット経由でOpenWeatherMap*というサイトから情報を得て、今日と明日の天気予報を取り出しています。
　20文字4行の大き目のバックライト付き液晶表示器を使って、現在時刻と、複合センサから取得した温湿度、気圧を常時表示します。

Webやモバイルアプリケーションの開発者に、現在の天候や予測履歴を含む各種気象データの無料APIを提供するオンラインサービス。

176

●図6-4-1 環境情報表示板の全体構成

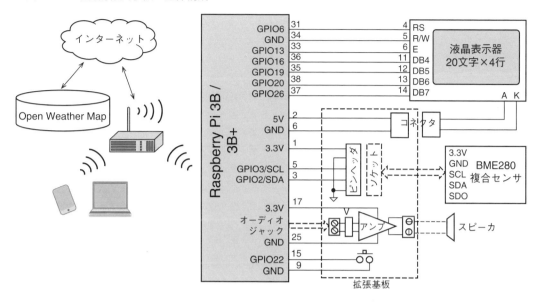

6-4-2 ハードウェアの製作

1 液晶表示器

　この製作例で新たに使う部品について説明します。まず液晶表示器からです。この液晶表示器の外観と仕様は図6-4-2のようになっています。20文字4行が表示できる大型のキャラクタ型液晶表示器です。

　この液晶表示器についてもNode-REDの専用ノードが用意されているので、簡単に使うことができます。

　ラズパイとの接続は図6-4-2の接続回路のように、データバスの上位4ビットと、RSとEの制御信号[*]のみで、どのGPIOピンにも接続可能です。電源とグランドはバックライト側に供給し、本体の裏面のジャンパJ2[*]をジャンパすれば電源は共有されます。またバックライトの電流制限用の抵抗R8[*]を裏面に取り付ける必要があります。Voはコントラスト調整用の端子で、可変抵抗[*]で可変できる電圧を加えてコントラストを調整できるようにします。

R/WはGNDに接続。

はんだでジャンパするようになっている。

バックライト用の発光ダイオードの電流を制限するための抵抗で裏側にはんだ付けできるランドが用意されている。

液晶表示器の端子に直接はんだ付けして固定。

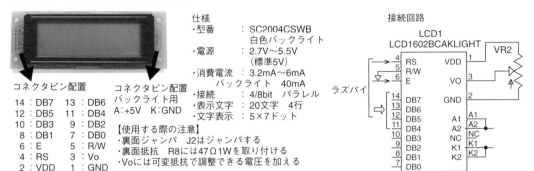

コネクタピン配置

14 : DB7	13 : DB6
12 : DB5	11 : DB4
10 : DB3	9 : DB2
8 : DB1	7 : DB0
6 : E	5 : R/W
4 : RS	3 : Vo
2 : VDD	1 : GND

コネクタピン配置
バックライト用
A : +5V　K : GND

仕様
・型番　　　：SC2004CSWB
　　　　　　　白色バックライト
・電源　　　：2.7V～5.5V
　　　　　　　（標準5V）
・消費電流　：3.2mA～6mA
　　　　　バックライト　40mA
・接続　　　：4/8bit　パラレル
・表示文字　：20文字　4行
・文字表示　：5×7ドット

【使用する際の注意】
・裏面ジャンパ　J2はジャンパする
・裏面抵抗　R8には47Ω1Wを取り付ける
・Voには可変抵抗で調整できる電圧を加える

❷複合センサ

　次の部品は複合センサBME280*です。最近よく使われているセンサで、気圧、温度、湿度の情報が1個で取得できます。外観と仕様は図6-4-3のようになっています。この外観はセンサを基板に実装したもので使い易くなっているものです。

　インターフェースはI²C*ですので、ラズパイとの接続ピンは決まったピンになります。このセンサを使うには較正などにちょっと複雑な計算が必要なのですが、Node-REDに専用ノードがあり、すべてノードの中で処理されるので特に設定などする必要もなく、そのままで3つのデータが出力されます。

●図6-4-3　BME280の外観と仕様

センサ本体

ボッシュ社製
型番：BME280（センサ本体）
I/F　：I2CまたはSPI
温度：－40℃～85℃　±1℃
湿度：0～100%±3%
気圧：300～1100hPa±1hPa
電源：1.7V～3.6V
補正演算が必要
（基板化したもの　GY-BME280-3.3）

接続回路

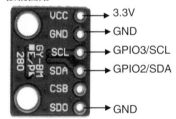

❸オーディオアンプ

　ここでは簡単に組み立てできるように、基板に実装済みのアンプを使いました。このアンプの外観と仕様は図6-4-4となります。ラズパイのオーディオジャックからの信号を増幅*してスピーカを駆動します。Dクラス*というデジタルアンプで小型チップですが、1W以上の出力が出ますから、十分な音量です。

●図6-4-4 オーディオアンプ基板の外観と仕様

接続

＋　ー　　＋　ー　　スピーカ

入力　　電源

仕様
・型番 　　：TPA2006
　　　　　　超小型 D 級アンプキット
・基板形状：8 ピン SIP 形状
・電源電圧：＋2.5V ～＋5.5VDC
・消費電流：2.8mA（@3.6V 無負荷）
・推奨電源：5V　1A 以上
・電圧利得：9.5dB（3 倍）
・最大出力：1.2W（THD1%）
　　　　　　@5V　負荷 8Ω
・基板寸法：22mm×12mm

4 回路

　ハードウェアの組み立てをします。全体の回路図が図6-4-5となります。拡張基板に実装する部分と、液晶表示器として組み立てる部分があります。液晶表示器をコネクタケーブルでラズパイの拡張コネクタの20ピン側の方に直接接続します。さらにセンサをコネクタケーブルで接続します。

●図6-4-5 環境情報表示板の回路図

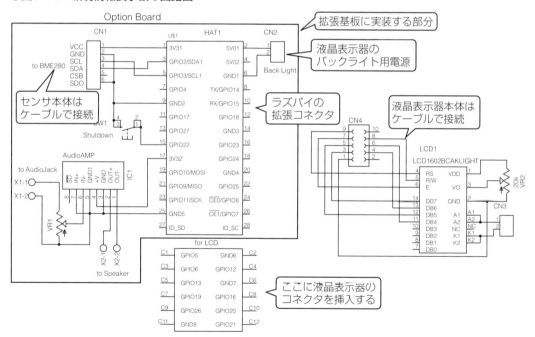

5 部品

この組み立てに必要な部品は表6-4-1のようになります。

▼表6-4-1　部品表

型　番	種　別	品名、型番	数量	入手先
	ラズパイ	Raspberry Pi3 Model B+キット 　電源、SDHC、ケース、HDMIケーブル 　ヒートシンク、カードリーダ	1	アマゾン
R1	抵抗	10kΩ　1/6W　または　1/4W	1	秋月電子通商
CN1	ヘッダピン	角ピンヘッダ　6×1列	1	
CN2	コネクタ	モレックス　2P横型　相当	1	
SW1	タクトスイッチ	基板用小型タクトスイッチ	1	
AMP	アンプ	TPA2006使用 超小型D級アンプキット	1	
VR1	可変抵抗	10kΩ　TSR3386K-EYS-103TR	1	
X1、X2	端子台	ターミナルブロック　2P	2	
基板	基板	Raspberry Pi用ユニバーサル基板	1	
	ピンソケット	2列×20（40P）　8.5mm高さ	1	
	スペーサ	貫通型 高さ3mmまたは5mm	4	
	スペーサ	高さ10mm　タップ付き	2	
		M3×12　プラスチックねじ、ナット	4	
LCD	液晶表示器	SC2004CSWB　20文字×4行　白色バックライト付き	1	
	VR2	20kΩ　TSR3386K-EYS-203TR	1	
	コネクタ	コネクタ用ハウジング　5×2列	1	
		ケーブル用コネクタ（QIコネクタ）	10	
	スペーサ	10mm　M3タップ付き	4	
		M3×8　プラスチックねじ、ナット	8	
	R8 抵抗	47Ω　1W	1	
	CN3 コネクタ	モレックスハウジング　2P　相当	1	
		モレックス　ピン	2	
外部部品	ACアダプタ	Micro Bオス、5V 3A	1	
	センサ	GY-BME280-3.3、6Pヘッダピン付き	1	アマゾン
		コネクタ付きケーブル 1x6Pメス／ 1x6Pメス　30cm長	1	秋月電子通商
	スピーカ	ダイナミックスピーカ50mmφ8Ω0.2W（WYGD50D-8-03）	1	
		スピーカホルダ　SPK-1　またはラグ板	1	
		プラスチックねじ　M3×12　ナット	4	
		3Pオーディオプラグ	1	
その他	線材	ポリウレタン線0.4mmまたは耐熱電子ワイヤー	少々	
	線材	耐熱ワイヤ	少々	
		M3　ボルトナット	少々	
		2mm厚　アクリル板	少々	東急ハンズ等

6 拡張基板の組み立て

　拡張基板と液晶表示器の組立図が図6-4-6となります。拡張基板は液晶表示器をラズパイの拡張コネクタに直接接続できるように、20ピン側の一部をアクリルカッターなどで切り欠く必要があります。また液晶表示器のバックライト用の電源を供給するためのコネクタの実装は、拡張基板の左側の列に5VとGNDの列があるので、ここに実装します。

　センサは6ピンのコネクタケーブルで接続するので、拡張基板にはヘッダピンだけ実装します。オーディオアンプの入力と出力は端子台を使ってオーディオプラグとケーブルでスピーカとラズパイのオーディオジャックに接続します。

●図6-4-6　環境情報表示板の拡張基板組立図

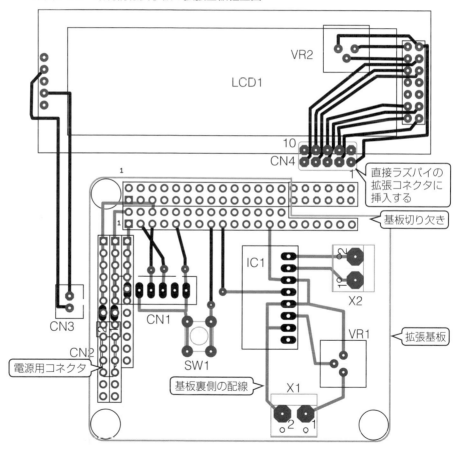

　組み立て完了後の拡張基板の外観が写真6-4-2となります。

●写真6-4-2　拡張基板の外観

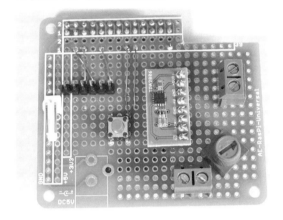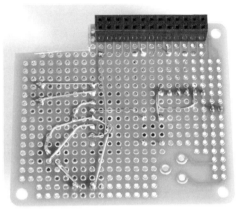

7 表示板の組み立て

　環境情報表示板の全体の組み立ては、写真6-4-3のように1枚のアクリル板にすべて実装しました。この実装方法は読者の好みでケースに入れるなど自由にしてください。

　取り付け時の注意として、液晶表示器は、表示部に厚みがあるため前面から10mm程度のスペーサで浮かして取り付ける必要があります。またセンサをラズパイの近くに置くと、温度も湿度もかなり影響を受けるので、できるだけ離して、しかもラズパイからの空気の流れの影響を受けないように実装する必要があります。製作例ではスピーカの裏側に両面接着テープで固定しました。接続ケーブルが30cmとちょっと長いので、丸めて束線バンドで固定しています。

　ラズパイのオーディオジャックとの接続は、3ピンのオーディオプラグを使って接続しますが、ステレオ出力になっているので、GNDとLチャネルだけか、L、Rを一緒にしてオーディオアンプの入力の端子台に接続します。

　液晶表示器の配線は、コネクタケーブルの片側を適当な長さに切断して直接液晶表示器のコネクタ用の穴にはんだ付けしています。また輝度調整用の可変抵抗も直接はんだ付けしています。バックライト用の電源もコネクタを使って接続しますが、使用するコネクタは2ピンのものであれば何でも構いませんし、直接はんだ付けでも良いかと思います。バックライト電流の調整用の抵抗も、液晶表示器のランドに直接はんだ付けしています。**J2のジャンパのはんだ付けを忘れないようにします。**

●写真6-4-3 環境情報表示板の全体の組み立て

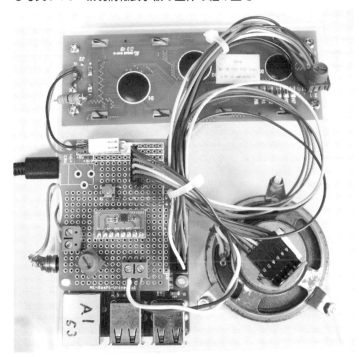

6-4-3 ● ラズパイの準備

　ハードウェアの製作が完了したら、次にNode-REDのフローを製作します。その前に、他の製作例と同様、ラズパイの準備作業として、OSのインストールと、追加の作業を行います。この製作例では、音声出力のため、AquesTalk*というテキスト読み上げアプリをインストールします。また天気予報の情報入手のためOpenWeatherMapにユーザー登録する必要があります。

> （株）アクエスト製のテキスト読み上げアプリ。個人が非営利で使用するのであればラズパイ用の無料アプリがダウンロードできる。

❶Raspbianのインストール

　2章の手順にしたがってOSをインストールします。その後、リモートデスクトップを有効化します。インターフェースではI2Cを有効化します。さらにIPアドレスの固定化も実行します。この製作例では192.168.11.53*とします。

> 読者のお使いのWi-Fiルータのアドレスに合わせる。

❷Node-REDの自動起動

　次のコマンドでNode-REDが起動時に自動起動するようにします。

```
sudo systemctl enable nodered.service↵
```

3 gpiodアプリの自動起動

gpiodアプリを起動時に自動起動させるため、次のようにnanoエディタで rc.localファイルを開いて図6-4-7のように、「/usr/bin/pigpiod」の1行を追記します。

```
sudo nano /etc/rc.local
```

●図6-4-7 rc.localへの追記

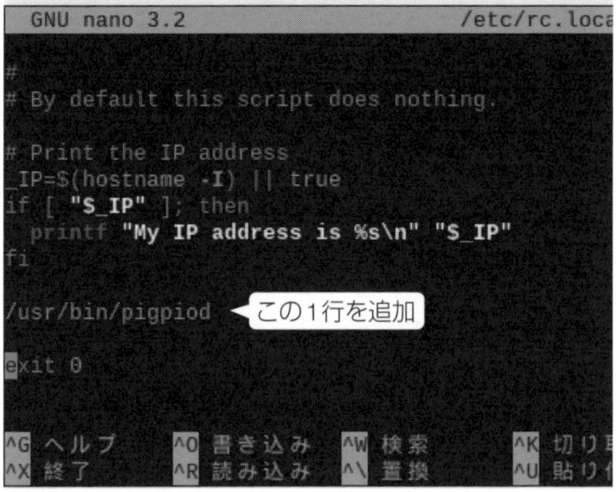

4 AquesTalkのインストール

まず、（株）アクエストのサイトからアプリをダウンロードします。ラズパイのブラウザで、次のURLを開き、このページの中ほどにある「Download」項目で使用条件の欄をすべて読むと［同意してダウンロード］のボタンが有効になるので、これをクリックして/home/piフォルダ*にファイルをダウンロードします。

/home/download/にダウンロードした場合は移動すること。

https://www.a-quest.com/products/aquestalkpi.html

ダウンロードしたファイルを次のコマンドで解凍して使えるようにします。

```
tar xzvf aquestalkpi-20201010.tgz↵
```

実際に動作しているかどうかを次のコマンドで試してみます。オーディオジャックにイヤホンを挿入してコマンドを実行し、音声が聞こえてくれば正常に動作しています。

「|」はパイプの記号で前のコマンドの結果を次のアプリに引き渡して実行することを示す。aplayはLinux標準の音声出力をする仕組みのこと。

```
./aquestalkpi/AquesTalkPi "漢字も読めます。" | aplay↵                        *
```

5 Node-REDのパレットの追加

BME280、LCD、shutdown、gpiod、openweathermapのパレットが必要です。パソコンのWebブラウザでNode-REDを開いて、次のパレットを追加します。追加方法は3-7章を参照してください。

- node-red-node-pi-gpiod
- node-red-contrib-rpi-shutdown
- node-red-contrib-bme280
- node-red-node-openweathermap
- node-red-node-pilcd

このあと、Rebootで再起動すれば準備完了です。

6-4-4 OpenWeatherMapへのサインイン

環境情報表示板では、天気予報の情報取得先としてOpenWeatherMapという サイトを使います。このサイトを使うには、一度サインインしてIDとパスワードを取得する必要があります。この作業はパソコンのブラウザで通常のサイトへのアクセスと同じようにします。まず、次のURLにアクセスして OpenWeatherMapのトップページを開きます。

https://home.openweathermap.org/

ここで図6-4-8のようにトップメニューの[Sign In]を選択して、最初は新規登録をします。2回目以降は自動的にIDが表示されますから、ここでログインします。

● 図6-4-8　OpenWeatherMapにSign in

ラズパイからアクセスする場合には必須のキー。

ログインすると、図6-4-9のようにサブメニューの中に、[API keys*]という項目があるので、そこをクリックするとIDが表示されます。このキーを Node-REDで使うので、記録しておきます。

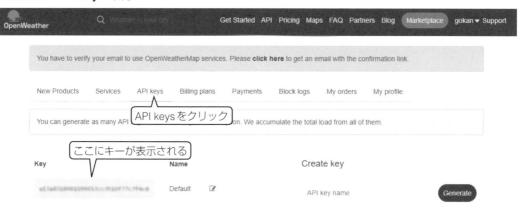

6-4-5　フローの製作

次に環境情報表示板のフローを製作します。新しいノードをいくつか使います。作成したフロー全体が図6-4-10となります。

●図6-4-10　環境情報表示板の全体フロー

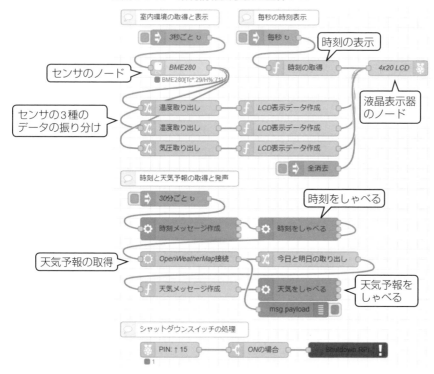

やややノードが多くなっていますが、大きく次の3つの処理に分かれています。

- 毎秒の時刻と3秒ごとに温湿度、気圧の液晶表示器への表示
- 00分と30分に時刻と天気予報をしゃべる
- シャットダウンスイッチ処理

個々のノードの設定内容を説明します。

1 液晶表示器の表示制御

ここで「rpi lcdノード」(LCDノード) の使い方は図6-4-11のようになっています。ハードウェアのピンの接続*をカンマ区切りのピン番号で指定します。これだけの設定で使えるようになります。表示する文字列の指定は図のように「行番号：」で表示行を指定したあと、最大20文字の文字列を指定するだけです。

ここでは図6-4-1の構成図のピンに従ってピン番号を指定しています。

> 信号の順番が決まっているのでこれに合わせる必要がある。RS、E、D4、D5、D6、D7の順。R/WはGNDに接続。

●図6-4-11 LCDノードの設定方法と使い方

LCDに表示する文字列は次の形式でpayloadにセットする
最初の数値は行番号で1から4の値、コロンのあとが表示
する文字列
　1:message
　3:Alphabet Number
　clr:　　（全消去の場合）

このLCDノードを使った表示制御部のフローと設定は図6-4-12のようになっています。

まず時刻の取得のfunctionノードでは図のような処理で時刻情報を取り出し、表示メッセージの中に埋め込んでメッセージとして完成させて、LCDノードに出力しています。これで毎秒ごとに1行目に時刻を時分秒の形式で表示します。このJavaScriptによる時刻の取り出し方*にはいくつかの形式があります。

> date.toTimeString()
> date.toLocaleTimeString()
> date.toLocaleTimeString('en-US')

次にセンサ情報の取り出しはchangeノードの値の代入を使って、3個のJSON形式のデータ*を1つずつに振り分けたあと、functionノードを使ってLCDメッセージの形式に整えてからLCDノードに出力しています。

> temperature_C、
> humidity、
> pressure_hpa

LCDメッセージは常に20文字になるようにしています。短い文字列になると以前の表示が残ってしまうためです。またLCDの全消去用のメッセージ（clr:）が用意されているので、これを出力すればデバッグ中などで全消去したいときに使えます。これでLCDに表示される内容は写真6-4-4のようになります。

●図6-4-12　表示制御部のフローと設定

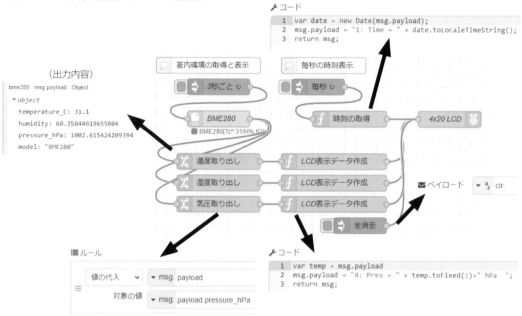

●写真6-4-4　LCDの表示内容

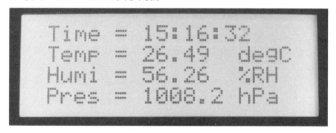

❷時刻発声制御

次が時刻を発声するフローの部分で、図6-4-13となります。この発声が終了したら、続いて天気予報の発声につながるようにしています。

起動は30分ごとにしていますが、ここのinjectノードの設定は少し複雑で、毎日のAM6時からPM11時までの00分と30分にだけ起動するようにしています。

次に時刻メッセージ生成部ですが、JavaScript ではなかなか思うようにいかなかったので、「GetTime.py*」という Python プログラムを使い、exec ノードで実行しています。このプログラムは図のように、時刻メッセージを生成して「time.txt」というファイル名でテキストファイルとして保存しています。

ラズパイのリモートデスクトップ接続で直接入力するか、ファイルを /home/pi/ にコピーする。

次の exec ノードではコマンドで Aquestalk を実行し、time.txt ファイルの内容をしゃべるように設定しています。これで「時刻は、xx時xx分xx秒です。」としゃべってくれます。

●図6-4-13 時刻の発声部

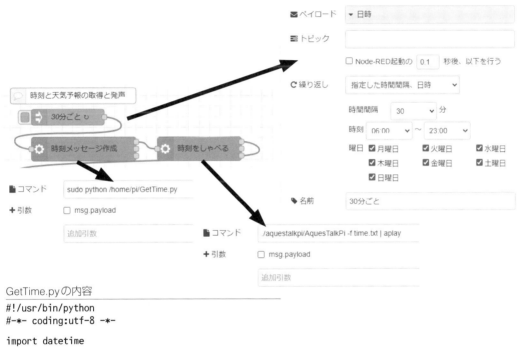

GetTime.py の内容

```
#!/usr/bin/python
#-*- coding:utf-8 -*-

import datetime

dt = datetime.datetime.now()
f=open("time.txt", "w")
msg = dt.strftime("時刻は、%H時%M分%S秒です。¥r¥n")
f.write(msg)
f.close()
```

3 天気予報発声制御

時刻をしゃべったあと、続けて天気予報を発声するようにしています。その部分のフローが図6-4-14となります。

まず OpenWeatherMap ノードの設定です。ここでは最初に OpenWeatherMap のサイトで入手したキーを入力する必要があります。続いて言語、どのデータか (ここでは5日分のデータを指定) と、場所は市まで指定*できます。

筆者の町田市の設定となっている。

これで天気に関するデータが、3時間ごとの5日分、全部で40個のデータがJSONの配列形式で出力されます。最初のデータは現在の時刻から6時間か9時間前の予報データ*になるので、次の次のデータを今日の予報とし、その24時間後のデータを明日の天気として扱うことにしました。

天気と温度をchangeノードの代入でJSON形式から取り出し、次のfunctionノードに出力します。functionノードでは、図のように入力メッセージを発声するメッセージに編集して次のexecノードに出力しています。温度は、小数点以下は四捨五入しています。

execノードでは、コマンドでAquestalkを実行し、パラメータにはpayloadを使い、さらに追加コマンドで「| aplay」のパイプを指定して音声出力しています。結果としてしゃべる内容は次のようになります。

「町田市*の今日の天気は、薄い雲*でしょう。温度は、30度くらいです。明日の天気は、小雨でしょう。温度は、25度くらいです。」

句読点を入れることで間を空けてくれるので、聞き取りやすくなります。

●図6-4-15　天気予報を発声するフロー

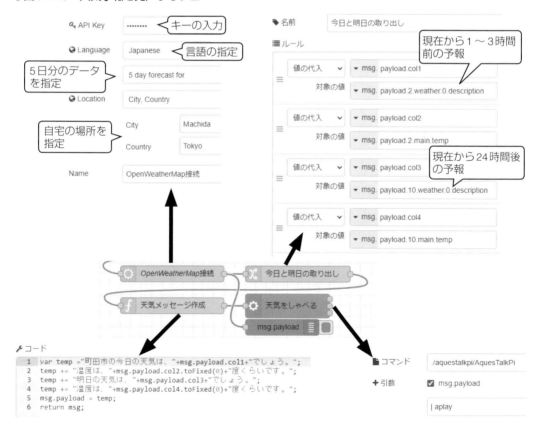

```
1  var temp ="町田市の今日の天気は、"+msg.payload.col1+"でしょう。";
2  temp += "温度は、"+msg.payload.col2.toFixed(0)+"度くらいです。";
3  temp += "明日の天気は、"+msg.payload.col3+"でしょう。";
4  temp += "温度は、"+msg.payload.col4.toFixed(0)+"度くらいです。";
5  msg.payload = temp;
6  return msg;
```

190

　ここで、OpenWeatherMapが出力する内容は図6-4-16のようになっていて、非常に多くの情報が得られます。ここでは温度はmainのtempを使い、天気はweatherのdescriptionの日本語を使っています。

●図6-4-16　OpenWeatherMapの出力メッセージ

msg.payload : array[40]
▼array[40]
　▼[0 … 9]
　　▼0: object
　　　dt: 1600398000
　　▸main: object
　　▸weather: array[1]
　　▸clouds: object
　　▸wind: object
　　　visibility: 10000
　　　pop: 0
　　▸sys: object
　　　dt_txt: "2020-09-18 03:00:00"
　　▼1: object
　　　dt: 1600408800
　　▸main: object
　　▸weather: array[1]
　　▸clouds: object
　　▸wind: object
　　　visibility: 10000
　　　pop: 0
　　▸sys: object
　　　dt_txt: "2020-09-18 06:00:00"
　▸2: object
　▸3: object
　▸4: object
　▸5: object
　▸6: object
　▸7: object
　▸8: object
　▸9: object
　▸[10 … 19]
　▸[20 … 29]
　▸[30 … 39]

▼array[40]
　▼[0 … 9]
　　▸0: object
　　▸1: object
　　▼2: object
　　　dt: 1600419600
　　▼main: object
　　　temp: 30.33
　　　feels_like: 30.44
　　　temp_min: 30.29
　　　temp_max: 30.33
　　　pressure: 1009
　　　sea_level: 1009
　　　grnd_level: 999
　　　humidity: 60
　　　temp_kf: 0.04
　　▼weather: array[1]
　　　▼0: object
　　　　id: 801
　　　　main: "Clouds"
　　　　description: "薄い雲"
　　　　icon: "02n"
　　▸clouds: object
　　▸wind: object
　　　visibility: 10000
　　　pop: 0.01
　　▸sys: object
　　　dt_txt: "2020-09-18 09:00:00"
　▸3: object

現在から6〜9時間前の予報

現在から1〜3時間前の予報

　以上で主要部の設定内容の説明は終了です。残りがシャットダウンスイッチの処理ですが、ここは省略します。

　これで完成ですので、壁や机の上にぶら下げておけば、環境情報を表示し、勝手に時刻と天気予報をしゃべってくれます。

　音量は、拡張基板に組み込んだアンプの前段の可変抵抗で設定してください。

6-5 リモコンカーの製作

6-5-1 リモコンカーの概要と全体構成

モータで動くものということで、タブレットやスマホで画像を見ながらリモートコントロールできるリモコンカーを製作してみます。外観は写真6-5-1のようになります。上側に載っているのがラズパイ ZERO 電源用のスマホ充電バッテリです。

2個のモータを図6-5-1のようなUI画面でコントロールすることで、前後左右に動かすことができ、前面のカメラで撮影する動画を同じUI画面で見ることができます。速度は中央で停止し、上側が前進、下側が後進となります。転回制御も同じように中央が直進、右側が右旋回、左側が左旋回となります。停止ボタンでブレーキ停止し、SHUTDOWNボタンでシャットダウン制御をします。

●写真6-5-1　リモコンカーの外観

●図6-5-1　リモコンカーのUI画面

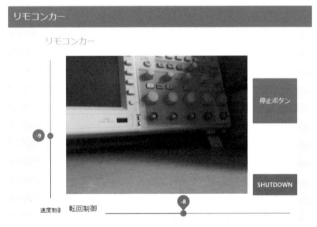

このリモコンカーの全体構成は図6-5-2のようにしました。Raspberry Pi ZERO WHで全体を制御します。これにラズパイ用カメラと、モータ制御基板を接続して全体を構成します。電源はラズパイ用にはスマホ充電バッテリを使い、モータ用には単3×3本のアルカリ電池を使って分けました。

モータ制御基板には市販のものを使いましたが、便利な基板で、この基板だけでモータのテストができます。

●図6-5-2　リモコンカーの全体構成

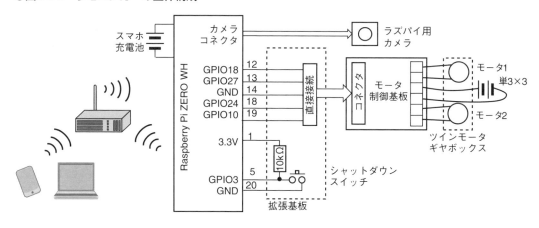

6-5-2　ハードウェアの製作

　躯体の構成は写真6-5-2のようにしました。シャーシはタミヤのユニバーサルプレートを適当なサイズに切断し、ツインモータギヤボックスとスポーツタイヤで駆動部を構成しました。前輪はタミヤのボールキャスタを使って一番低い構成にしてプレートの裏側に実装しました。電池ボックスはモータギヤの上に両面接着テープで固定し、スマホ用充電池はスペーサでモータ制御基板の上側に実装できるようにしました。モータギヤボックスとボールキャスタはいずれも組み立てが必要です。

●写真6-5-2　躯体の構成

❶ 制御基板

モータ制御には、図6-5-3のような市販のモータ制御基板を使いました。安価で、単体でテストができますし、電源電圧も使用範囲が広いので便利に使えます。さらにDCDCコンバータを実装していて、外部コントローラ用のDC5Vを出力する機能*まで実装しています。

この基板を使う場合には、入力のM1A（M2A）、M1B（M2B）を、片方をHigh、もう一方をPWMとすればモータがいずれかの方向に回転します。A、B両方をLowとすればブレーキ動作となります。

この基板にテストボタンが付いていて、モータと電源を接続すればテストボタンを押すことでモータが回転します。これでモータの回転方向を確認でき、2つのモータの回転方向を合わせる*ことができます。

本製作例では使っていない。

異なる場合はモータの接続線を入れ替えるだけ。

●図6-5-3　モータ制御基板の外観と仕様

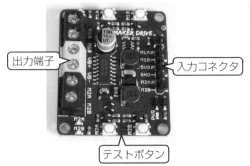

出力端子　入力コネクタ　テストボタン

仕様
- 型番　　　　：Maker Drive
　　　　　　　　入門用Hブリッジモータドライバ
- 電源電圧　　：＋2.5V〜＋9.5VDC　逆極性保護
- モータ電流　：1.0A連続　1.5Aピーク（5秒以下）
- 電源出力　　：5V 200m以下（コントローラ用）A
- 入力電圧　　：Low 0.5V以下　High 1.7V以上
- PWM 周波数：最高20kHz
- テスト用　　：テストボタンとインジケータ　各2
- 基板寸法　　：43mm×35mm×14mm

出力端子

記号	出力端子
M1A	モータ1
M1B	モータ1
VB＋	電源入力＋
VB－	電源入力－
M2A	モータ2
M2B	モータ2

入力コネクタ

記号	入出力信号
M1A	PWM1
M1B	PWM2
5V	5V電源出力
GND	グランド
M2A	PWM3
M2B	PWM4

入力信号とモータ動作

入力		出力		モータ動作
MxA	MxB	MxA	MxB	
Low	Low	Low	Low	ブレーキ
High	PWM	High	PWM	正転/逆転
PWM	High	PWM	High	逆転/正転
High	High	Hi-Z	Hi-Z	フリー

❷部品

ハードウェアの組み立てをします。リモコンカー全体の製作に必要な部品は表6-5-1のようになります。

▼表6-5-1　部品表

型　番	種　別	品名、型番	数量	入手先
ラズパイ	ラズパイ	Raspberry Pi ZERO WH	1	秋月電子通商
	マイクロSD	SDカード　16/32GB　クラス10	1	
	カメラ	Camera Module V2	1	
	ケーブル	ラズパイゼロ用カメラケーブル	1	アマゾン
R1	抵抗	10kΩ　1/6W　または　1/4W	1	秋月電子通商
CN1	コネクタ	コネクタ用ハウジング　6×1列	1	
	ピンソケット	ケーブル用コネクタ（QIコネクタ）	6	
SW1	タクトスイッチ	基板用小型タクトスイッチ	1	
基板	基板	Raspberry ZERO用ユニバーサル基板	1	
	ピンソケット	2列×20(40P)　8.5mm高さ	1	
	スペーサ	貫通型 高さ3mmまたは5mm	4	
	スペーサ	高さ10mm　タップ付き	2	
		M3×12　プラスチックねじ、ナット	4	
躯体	シャーシ	ユニバーサルプレート210×160mm	1	秋月電子通商
	前輪	ボールキャスタ	1	
	モータギヤ	ツインモータギヤボックス	1	
	スペーサ	25mm　タップ付きスペーサ	4	
	タイヤ	スポーツタイヤまたはナロータイヤ	2	アマゾン
	モータ制御基板	Maker Drive CYTRON-MAKER-DRIVE	1	スイッチサイエンス
	スペーサ	5mm　貫通型	4	秋月電子通商
	電池ボックス	単3×3本　ケーブル付き	1	
	電池	単3アルカリ電池	3	
	スマホ充電池	相当品　5V 1000mAh以上	1	
その他	線材	ポリウレタン線　0.4mm	少々	
	線材	耐熱ワイヤ	少々	
		M3　ボルトナット	少々	

❸拡張基板の組み立て

製作は、まずラズパイの拡張基板の組み立てからです。拡張基板の回路図と組立図が図6-5-4となります。ここにはシャットダウン用のスイッチと、モータ制御基板に接続するコネクタケーブルを配線します。このケーブルは、モー

通常は圧着工具で組み立てる。コネクタピンにはんだ付けでも構わない。

タ制御基板側はコネクタとして圧着端子*を使って組み立てますが、拡張基板側は基板の穴に直接はんだ付けします。

●図6-5-4　拡張基板の回路図と組立図

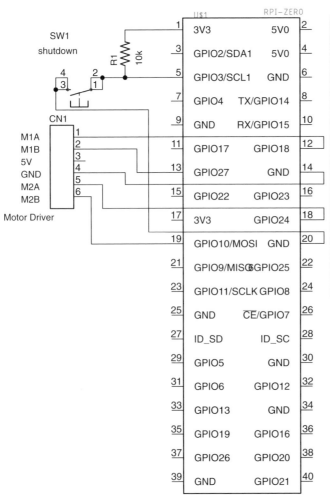

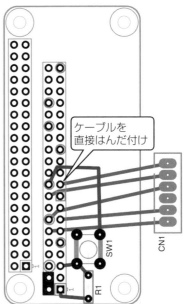

ケーブルを直接はんだ付け

組み立てが完了した拡張基板の外観が写真6-5-3となります。

●**写真6-5-3　組み立て完了した拡張基板**

4躯体の組み立て

写真6-5-1のように2階建て部分があるので、ぶつからないように位置を決めてユニバーサルプレート上にねじで固定していきます。この配置は読者の自由にしていただいて構いません。ユニバーサルプレートの裏面はボールキャスタのみとなります。組み立て説明書の一番背の低い組み立てで実装しています。

カメラの実装は最後にします。本書ではL金具を使って固定しましたが、ここも読者の用意できるものを使っていただいて構いません。

6-5-3 ラズパイの準備

ハードウェアの製作が完了したので、次にNode-REDのフローを製作します。

その前に、他の製作例と同様、ラズパイの準備作業として、OSのインストールと、追加で次の作業を行います。ここでは特に動画のストリーミングを行うので、そのためのアプリケーションのインストールが必要です。手順は次のようにします。

1Raspbianのインストール

2章の手順にしたがってOSをインストールします。続いてリモートデスクトップを有効化します。インターフェースではカメラを有効化します。さらにIPアドレスの固定化も実行します。この製作例では192.168.11.55*としています。

読者のお使いのWi-Fiルータのアドレスに合わせる。

2 Node-REDの自動起動

次のコマンドでNode-REDが起動時に自動起動するようにします。このあといったん再起動*します。

リモートデスクトップ
接続の場合はsudoを
付加してrebootコマ
ンドを実行する必要が
ある。

```
sudo systemctl enable nodered.service ↵
sudo reboot ↵
```

3 mjpg_streamerアプリのインストール

再起動後、動画ストリーミング用アプリを次の手順でインストールします。

```
sudo apt-get install libjpeg9-dev cmake ↵
sudo git clone https://github.com/jacksonliam/mjpg-streamer.git mjpg-streamer ↵
cd mjpg-streamer/mjpg-streamer-experimental ↵
sudo make ↵
```

このままではディレクトリが長すぎて扱いにくいので、フォルダごと移動します。

```
cd ↵
sudo mv mjpg-streamer/mjpg-streamer-experimental /opt/mjpg-streamer ↵
```

4 gpiodアプリの起動

デフォルトのgpio
ノードをPWMに設定
した場合。

モータ制御基板をPWM制御するとき、標準のPWM制御*ではデューティが常時変動するため安定せず、常時細かく振動してしまいます。そこで、デーモンで動作するgpiodのPWMを使うとデューティがピタリと一定値になるので安定な動作ができます。このgpiodアプリは基本のOSに含まれているので次のコマンドで起動するだけです。ここでは次のステップで自動起動時にこのコマンドも実行するようにしています。

```
sudo pigpiod ↵
```

5 mjpg-streamerとgpiodを起動時に自動起動とする

次のシェルスクリプト(start_streamer.sh)を作成し、起動時に自動実行するよう設定するためrc.localファイルをnanoエディタで編集します。

```
sudo  nano  /etc/rc.local ↵
```

でファイルを開き、exitの前に図6-5-5のように1行を追記します。

●図6-5-5 rc.localに追記

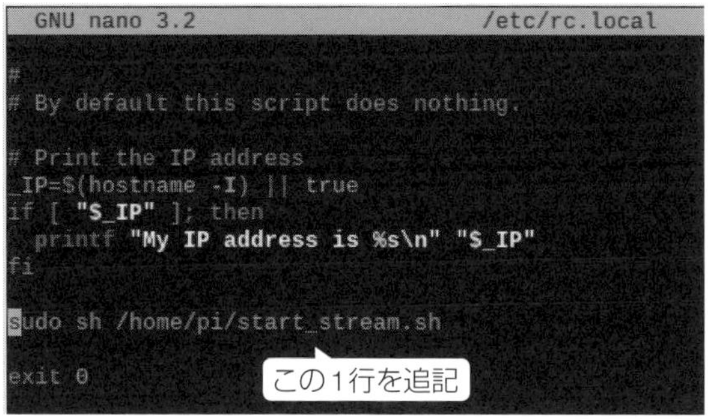

GNU nano 3.2   /etc/rc.local
```
#
# By default this script does nothing.

# Print the IP address
_IP=$(hostname -I) || true
if [ "$_IP" ]; then
  printf "My IP address is %s\n" "$_IP"
fi

sudo sh /home/pi/start_stream.sh

exit 0
```
この1行を追記

これで保存し終了します。

さらに次のコマンドでnanoエディタを開き、シェルスクリプトを作成し保存※します。これでストリーム画像のサイズやフレームレート※などを指定しています。終了したらRebootして再起動します。

nanoエディタで Ctrl + O で 書 き 込 み、Ctrl + X で終了。

LD_LIBRARY_PATH=の部分は1行で記述。

```
sudo nano start_stream.sh↵
```

```
#!/bin/bash
if pgrep mjpg_streamer > /dev/null
then
    echo "mjpg_streamer already runnning"
else
    LD_LIBRARY_PATH=/opt/mjpg-streamer/ /opt/mjpg-streamer/mjpg_streamer
-i "input_raspicam.so -fps 20 -q 50 -x 480 -y 320" -o "output_http.so
-p 8010 -w /opt/mjpg-streamer/www" > /dev/null 2>&1&
    echo "mjpg_streamer started"
fi
sudo pigpiod
```

6 Node-REDのパレットの追加

dashboard、shutdown、gpiodを扱うためのパレットが必要です。WebブラウザでNode-REDを用いて、次のパレットを追加します。追加方法は3-7節を参照してください。

・ node-red-dashboard
・ node-red-node-pi-gpiod
・ node-red-contrib-rpi-shutdown

以上で準備完了です。

製作例によるNode-REDの使い方

6

6-5-4 フローの製作

ラズパイの準備が完了したら、Node-REDのフローエディタを開いてフロー作成を開始します。

作成した全体フローが図6-5-6となります。ここでは大きく4つの処理を実行しています。

- ・ 動画ストリーミングのUI画面への配置
- ・ 速度設定スライダと転回設定スライダの2つの変数から2個のモータ速度を計算してモータのPWM制御
- ・ 停止ボタンで2個のモータのブレーキ制御
- ・ シャットダウンボタンでシャットダウン制御

●図6-5-6　全体フロー図

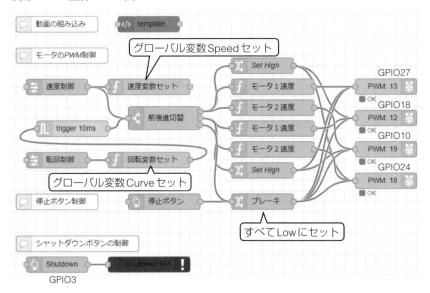

それぞれを順番に説明します。

1 動画の表示

最初の動画ストリーミングのUI画面への配置は、ダッシュボードのtemplateノードで図6-5-7のように設定するだけです。imgの画像としてストリーミングが行われるURLを指定します。このURL*はmjpg-streamerアプリで決まっています。

・・・・・・・・・・・・・・・
URLにラズパイのIPアドレスを使うが、ここは読者のIPアドレスに変更する。

200

●図6-5-7　動画ストリーミングの制御

2 モータ速度制御

　次のモータ制御の部分はちょっと複雑です。まず、前半部が図6-5-8のように
なります。速度設定のスライダが設定されて値が変化したら、グローバル
変数「Speed」に保存し、同時に次のchangeノードに出力します。

　転回設定のスライダが設定されて値が変化したらグローバル変数「Curve」
に保存し、10msec待ってから現在のSpeed値をchangeノードに再出力しま
す。これはCurveの値を変化させたときその設定をすぐ有効にするため速度
設定をし直すようにするためです。この2つのグローバル変数を使って速度
制御をします。

●図6-5-8　モータの速度制御部

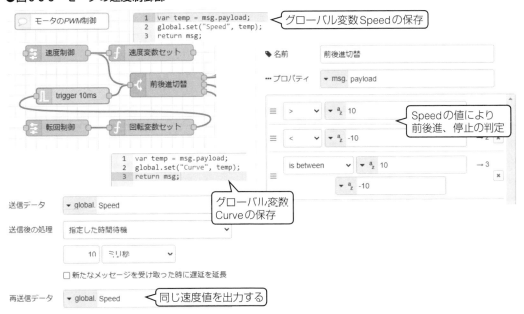

次のchangeノードでは入力速度値により前進、後進、停止に分岐します。速度値が±10の範囲の場合は停止とし、その範囲外でプラス側の場合は前進、マイナス側の場合は後進とします。

❸ モータPWM制御

changeノードの後のPWM制御部は図6-5-9のようになります。ここはちょっと複雑な計算をしてPWM設定値を求めています。

前進の場合、転回制御のCurveの値を、モータ1は現在の速度値に加算し、モータ2は引き算して回転数を変えることで転回するようにしています。それぞれ速度値がマイナスにならないように制限しています。最後にPWM値が小さいほど高速回転[*]になるので、100から引いた値を出力値としています。

後進の場合は、Curveの値を、モータ1は現在の値から引き算し、モータ2側は加算して回転数を変えることで転回するようにしています。いずれのモータも速度値が負にならないように制限し、最後に100から引き算して反転させて出力としています。[*]

モータ制御基板の論理が負論理のため。

モータ制御基板の論理が負論理のため。

●図6-5-9 PWM制御部

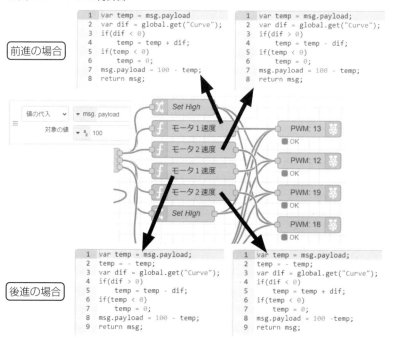

4 モータ停止制御

次は停止制御部で、図6-5-10のようになります。速度値か±10の範囲の場合か、停止ボタンが押された場合の制御で、すべてのモータの出力値を0にします。これでモータ出力が4ピンともLowになって、2つのモータともブレーキ制御になることになります。

●図6-5-10　モータの停止制御

図6-2-9参照。

あとはシャットダウンボタンの制御*ですが、他の製作例と同じですので省略します。

4-4節を参照。

5 UI画面

最後にUI画面のレイアウトを設定*します。UI画面のレイアウトの設定は、図6-5-11のように、Node-REDのサイドビューでダッシュボードを選択し配置タブをクリックします。ここでタブの「リモートカー」にマウスオーバーすると［レイアウト］というボタンが表示されますから、これをクリックします。これで左側のレイアウト設定のダイアログが開きます。グループも同じ「リモートカー」の1つだけです。

全体の横幅を決めてから、各ウィジットをドラッグし、サイズを設定すれば配置が完了します。これでデプロイすれば設定が有効になります。

このUI画面は、スマホやタブレットなどのタッチ操作の方が操縦しやすいので、それに合わせた配置とするのが便利です。

完成したUI画面が図6-5-1となります。

●図6-5-11　UI画面のレイアウト設定

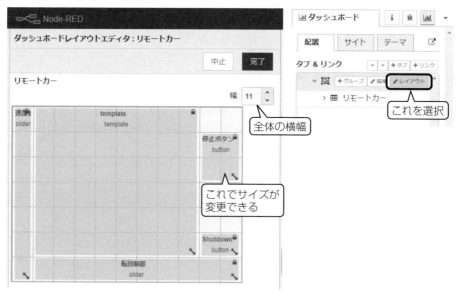

実際にこれで動かしてみると、画像をWi-Fiで転送する際の遅延時間が大きく、速度を上げると画像が間に合わなくなり、障害物にぶつかる状態になってしまいました。これはネットワークの速度限界によるものなので、現状では改善が難しい条件です。画像を小さくしてフレームレート*を下げれば、画像データのサイズが小さくなるので多少は改善されます。

start_stream.shの中の
-fpsの値。

6-6 データロガーの製作

6-6-1 データロガーの概要と全体構成

　次は、少し汎用機器として使えるようなものということで、アナログデータを収集してグラフ表示し、ファイルに保存したり、クラウドにアップしたりできるデータロガーを製作します。

　システム全体は写真6-6-1のように、ラズパイ本体と、データ収集端末の2つで構成しています。

　ラズパイ本体側は写真6-6-1のように拡張基板にADコンバータを実装し、それをラズパイに接続してデータ収集をするという簡単な構成にしました。さらにデータをファイルとして保存できるようにしました。

　データ収集端末は小型Arduinoで構成し、複合センサのデータをWi-Fi上でMQTT*プロトコルという簡易通信機能を使ってラズパイに送信します。ラズパイではこれをグラフ表示したりクラウドにアップしたりできるようにしました。

> Message Queuing
> Telemetry Transport
> Pub/Sub型のデータ配信モデル用の軽量プロトコル。

●写真6-6-1　データロガーシステムの外観

　グラフはUI画面で図6-6-1のように表示します。それぞれのデータをゲージとチャートで表示しています。下側にファイルへのログの開始終了ボタン、IFTTT*を使ったクラウドへの送信の開始終了ボタンがあります。

> IF This Then Thatの略で、インターネットの各種サービスを連携させることができるサービス。

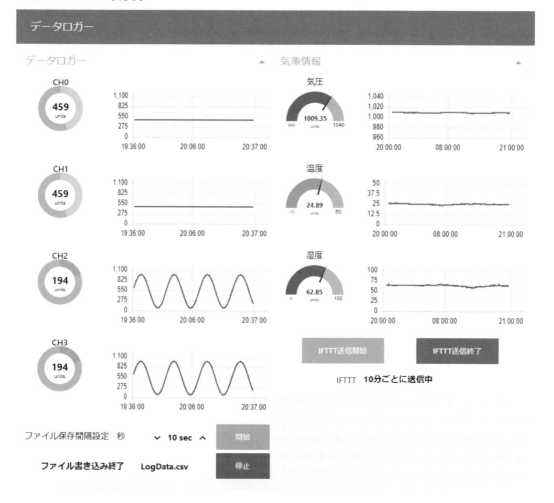

システム全体の構成は図6-6-2のようにしました。ラズパイの拡張基板にMCP3004というADコンバータICを実装し、4チャネルのアナログデータが入力できるようにしています。

さらにデータ収集端末に複合センサと有機液晶表示器（OLED）を実装して、温湿度と気圧をOLEDに表示しながら、Wi-FiモジュールでMQTTプロトコルを使って送信するようにしています。

収集したデータはUI画面にグラフ表示するとともに、ラズパイのSDカードにファイルとして保存するようにできます。さらにIFTTTを経由してGoogleドライブにも定期的に温湿度気圧データを送信します。

●図6-6-2　データロガーシステム全体構成

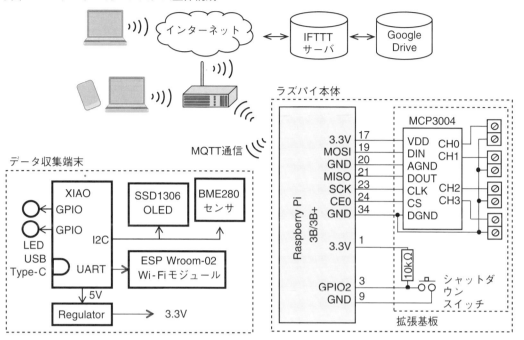

6-6-2　ハードウェアの製作

ハードウェアの製作は、まずラズパイ側からです。

■1 ADコンバータ

この製作例で新たにラズパイに接続する部品はADコンバータです。使ったのは、図6-6-3のようなマイクロチップ社製の10ビット分解能で4チャネルのADコンバータMCP3004です。

●図6-6-3　ADコンバータの外観と仕様

仕様
・型番　　　：MCP3004-I/P
・機能　　　：A/Dコンバータ
・変換速度　：200ksps@5V
　　　　　　　75ksps@2.7V
・分解能　　：10ビット
・入力　　　：4チャネル
・電源　　　：2.7V～5.5V DC
・I/F　　　　：SPI（4線式）
・パッケージ：14ピンDIP

6

製作例によるNode-REDの使い方

SPI：Serial Peripheral
Interface
3線または4線で接続
する高速シリアルイン
ターフェース。

このADコンバータの外部インターフェースはSPI*なのでラズパイのSPIの
ピンに接続します。Node-REDにこのADコンバータを扱うノードがあるので
簡単に使えます。

2 回路

このADコンバータを接続したデータロガーの拡張基板の回路図が図6-6-4
となります。ADコンバータ以外はシャットダウン用のスイッチだけとなりま
す。ラズパイのSPI用のピンは決まっているので、それに合わせる必要があ
ります。チップ選択ピンはCE0（GPIO8）とCE1（GPIO7）がありますが、こ
こではCE0側に接続しました。外部からのアナログ信号は端子台を使って接
続する構成としました。

●図6-6-4　拡張基板の回路図

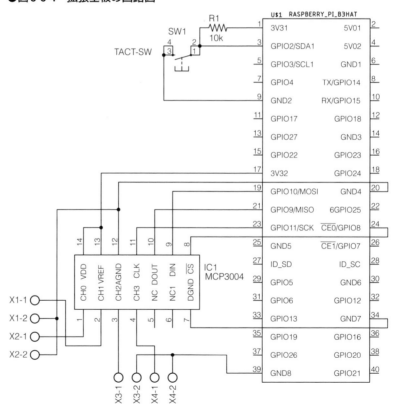

3 部品

このラズパイ本体の組み立てに必要な部品は表6-6-1のようになります。

▼表6-6-1 ラズパイ本体部品表

型番	種別	品名、型番	数量	入手先
	ラズパイ	Raspberry Pi3 Model B+ キット 電源、SDHC、ケース、HDMIケーブル、ヒートシンク、カードリーダ	1	アマゾン
IC1	ADコンバータ	MCP3004-I/P	1	秋月電子通商
	ICソケット	14ピン	1	
X1、X2、X3、X4	端子台	基板用端子台 2P	4	
R1	抵抗	10kΩ 1/6Wまたは1/4W	1	
SW1	タクトスイッチ	基板用小型タクトスイッチ	1	
基板	基板	Raspberry Pi用ユニバーサル基板	1	
	ピンソケット	2列×20(40P) 8.5mm高さ	1	
	スペーサ	貫通型 高さ3mmまたは5mm	4	
	スペーサ	高さ10mm タップ付き	2	
		M3×12 プラスチックねじ、ナット	4	
		ゴム足	4	
その他	線材	ポリウレタン線 0.4mm	少々	
	線材	耐熱ワイヤ	少々	
		M3 ボルトナット	少々	
		2mm厚 アクリル板	少々	東急ハンズ等

4 組み立て

拡張基板の組立図が図6-6-5となります。ADコンバータはICソケットに実装して使います。外部との接続には端子台を使いました。この端子台の足が1mm径のため基板の穴に入りにくいので、やすりなどで細くする必要があるかも知れません。

●図6-6-5　拡張基板の組み立て図

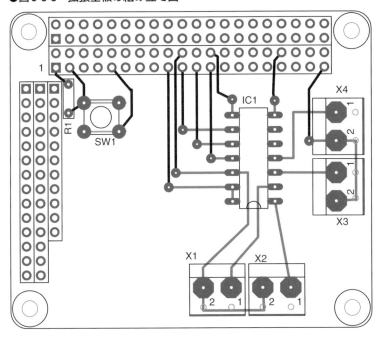

　　　組み立てが完了した拡張基板が写真6-6-2となります。端子台のGND側が
わかるように黒く印をつけています。

●写真6-6-2　完成した拡張基板

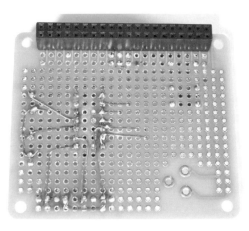

　　　ラズパイ側のハードウェアは、この拡張基板をコネクタに挿入すれば完成
です。

6-6-3　ラズパイの準備

ハードウェアの製作が完了したので、次にNode-REDのフローを製作します。その前に、他の製作例と同様、ラズパイの準備作業として、OSのインストールと、追加で次の作業を行います。この製作例では特に追加するアプリはありません。

■1 Raspbianのインストール

2章の手順にしたがってOSをインストールします。その後、リモートデスクトップを有効化します。インターフェースではSPIを有効化します。さらにIPアドレスの固定化も実行します。この製作例では192.168.11.50*とします。

読者のお使いのWi-Fi
ルータのアドレスに合
わせる。

■2 Node-REDの自動起動

次のコマンドでNode-REDが起動時に自動起動するようにします。

```
sudo systemctl enable nodered.service ↵
```

■3 gpiodの自動起動

gpiodを起動時に自動起動させるため、次のようにnanoエディタでrc.localファイルを開いて次のように、「/usr/bin/pigpiod」の1行を追記します。

```
sudo nano /etc/rc.local ↵
```

```
  GNU nano 3.2                        /etc/rc.loca
#
# By default this script does nothing.

# Print the IP address
_IP=$(hostname -I) || true
if [ "$_IP" ]; then
  printf "My IP address is %s\n" "$_IP"
fi

/usr/bin/pigpiod   ← この1行を追加

exit 0

^G ヘルプ    ^O 書き込み  ^W 検索      ^K 切り取
^X 終了      ^R 読み込み  ^\ 置換      ^U 貼り付
```

これで保存しエディタを終了します。さらにRebootして再起動します。

製作例によるNode-REDの使い方

6

４Node-REDのパレットの追加

・・・・・・・・・・・・・・・・・
node-red-contrib-
aedesを使った。

gpiod、dashboard、shutdown、ADコンバータ、MQTTのブローカのパレット*が必要です。パソコンのWebブラウザでNode-REDを開いて、これらのパレットを追加します。追加方法は3-7節を参照してください。

- node-red-node-pi-gpiod
- node-red-dashboard
- node-red-contrib-rpi-shutdown
- node-red-contrib-aedes
- node-red-node-pi-mcp3008

このあと、Rebootで再起動すれば準備完了です。

6-6-4 フローの製作

データロガーのフローを作成します。全体フローは、かなり多くのノードを使っていますが、全体が次のような4つの部分で構成されています。

① ADコンバータの3秒ごとの計測とグラフ表示
②データ収集端末からの温湿度気圧のMQTT受信とグラフ表示
③データ収集端末からのデータの10分ごとのIFTTTへの送信
④指定された時間間隔でのADコンバータの計測とファイル保存

■3秒ごとの計測とグラフ表示

まず計測とグラフ表示は図6-6-6のフローとなっています。injectノードの3秒周期でADコンバータの4チャネル計測をトリガします。4つのADコンバータのノード設定では、図のようにinput pinをそれぞれA0からA3までで選択し、Device IDはラズパイで接続したCE0ピンを指定し、SPI busは0とします。これでSPI接続の指定をしたことになります。

グラフ設定では、表示タブは「データロガー」、グループも「データロガー」としています。ゲージはADコンバータの出力が0から1023ですので、ここでは特に値の変換をせず、そのままゲージの表示範囲とします。

チャートの方は、折れ線グラフで値の範囲を0から1100とし、1時間の範囲のグラフを表示する設定としました。

●図6-6-6　ADコンバータの計測とグラフ表示

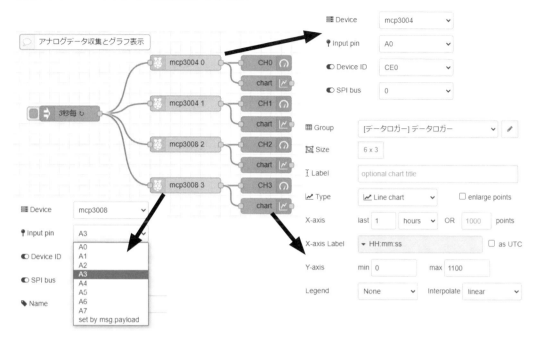

6

製作例によるNode-REDの使い方

2 データ収集端末のデータ処理

Node-REDに用意されているMQTTブローカのノード。

　次が、MQTTのデータ収集端末からのデータ処理で、図6-6-7のフローとなります。ここではMQTTでの受信となるので、まずラズパイ自身をMQTTのブローカにするため、「Aedes* MQTT broker」というノードを追加します。このノードは、デフォルトのままで特に設定は必要ありません。これだけでラズパイ自身をMQTTブローカとして動作させることができます。

　次はmqtt inのデータ受信処理ノードで、図のようにMQTTのトピック「Test」を指定します。これでMQTTからこの特定のトピックのデータだけを受信することができます。さらに鉛筆マークをクリックして開く設定で、MQTTサーバのIPアドレスを設定します。ここではラズパイがサーバですから、ラズパイのIPアドレスを設定します。

　データ収集端末からの受信データはcsv形式となっているので、CSVノードでJSON形式に変換します。次のchangeノードでcol1、col2、col3のキーで温度、湿度、気圧のデータに振り分けてからゲージとチャートでグラフ表示します。表示するタブは「データロガー」ですが、グループは「気象情報」として、ADコンバータのデータ表示とは別のグループとします。

●図6-6-7　データ収集端末のデータ処理

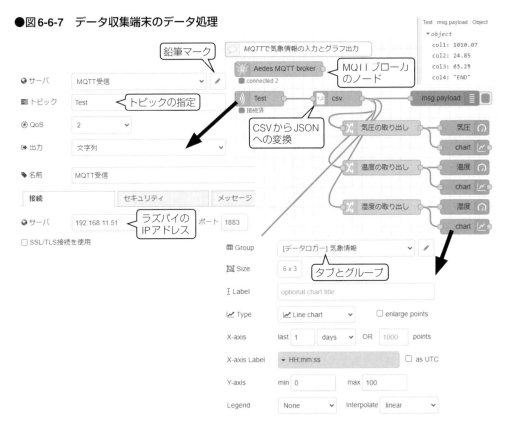

■3■ IFTTT送信

　次は気象データをIFTTT経由でGoogleのDriveに送信する部分で、図6-6-8のフローとなります。送信は10分間隔とするため最初のdelayノードで間引きしています。

　次のfunctionノードではちょっと複雑なことをしています。ここではIFTTTに送信するGETメッセージを作成していますが、そのメッセージはURLと3つの気象データを連結して作成する必要があるため、functionノードを使っています。このメッセージの中に、IFTTTでアプレットを作成したときに提示されるキーコード*を含める必要があります。

　そして次のchangeノードでhttp requestノードに渡すURL*として代入しています。これで長いGETメッセージがIFTTTへ送信されます。

　このGETメッセージを受け取ったIFTTTでは別途作成した「Add_Log」アプレット*を起動して、Googleのドライブのスプレッドシート内のLogger*という名前のシートに、新規データとして追加します。

　スプレッドシート側でデータをグラフ化すれば、インターネット経由でどこからでもデータやグラフの確認ができます。

送信者の認証のためキーコードを必要とする。キーコードの入手方法は付録Cを参照。

新たなプロパティとして追加される。

IFTTTのアプレットの作成方法は付録Cを参照。

存在しなければ新たに作成する。

●図6-6-8　IFTTT送信部

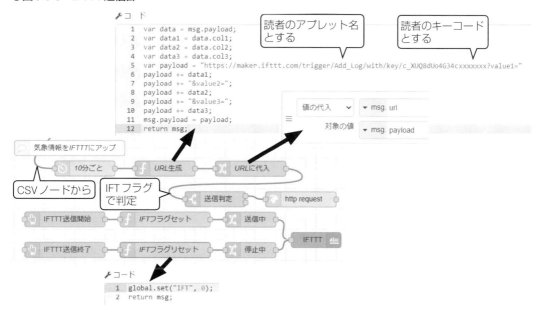

■4 データログ

　最後が、指定された間隔でADコンバータのデータを計測して、ファイルに格納する処理部で、図6-6-9のフローとなります。

●図6-6-9　データログ部のフロー

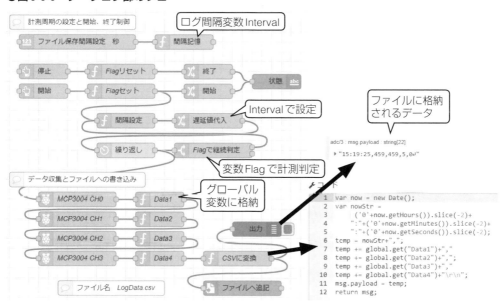

時間設定を秒単位で、1秒から100秒の間で設定し、ログ開始ボタンが押された時からその間隔で繰り返し実行します。ログ停止ボタンで終了します。

　ログは、4チャネルのデータを順番に計測し、いったんData1からData4のグローバル変数に格納します。その後のfunctionノードで図のように、時刻を前に付けて4個のデータをcsv形式にしてファイルに書き込みます。ファイル書き込みノードでは、ファイル名を「LogData.csv」としているだけです。

　以上ですべてのフローが完了です。

❺レイアウト

4-4節を参照。

　次はレイアウトの設定*です。たくさんのグラフがあるので、配置をうまく整理する必要があります。ここではレイアウト設定を図6-6-10のようにしました。データロガーと気象情報という2つのグループとしてまとめています。

●図6-6-10　レイアウト設定

6-6-5 ● データ収集端末のハードウェアの製作

　温湿度、気圧の環境情報をMQTTでパブリッシュするボードの製作です。32ビットマイコンを実装した超小型Arduinoを使ってスケッチで製作しました。BME280の複合センサとSSD1306有機EL表示器を使って、ローカルでも情報が確認できます。いずれもArduinoのライブラリがあるので、ソフトウェア開発は短時間でできます。MQTTはWi-Fiモジュール「WROOM-02」を使って送受信します。データ収集端末の外観が写真6-6-3となります。

●写真6-6-3　データ収集端末の外観

　このデータ収集端末は、図6-6-11のような構成としました。Seeeduino XIAOというArduinoを中心として、WROOM-02のWi-FiモジュールはUARTで、BME280センサとSSD1306有機EL表示器（OLED）とはI2Cで接続するという簡単な構成です。

●図6-6-11　データ収集端末の構成

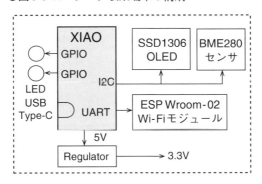

6

製作例によるNode-REDの使い方

1 Arduino

コントロールの中心となるSeeeduino XIAOは図6-6-12のような外観と仕様となっています。32ビットマイコンのArduinoですので、小さいですが結構強力な処理能力を持っています。電源はUSB Type-Cコネクタからの5Vとなります。XIAOはこの5Vと内蔵レギュレータの3.3Vの出力ピンを持っていますが、3.3Vの電流容量は少ないので、あまり多くの周辺への供給はできません。5VピンはUSBから直接ですので大電流を供給できます。

●図6-6-12　**Seeeduino XIAOの外観と仕様**

仕様
・CPU 　　　：SAMD21G18　ARM Cortex M0+
・メモリ 　　：Flash：256KB　SRAM：32KB
・クロック　：48MHz
・ピン数　　：14
・開発環境　：Arduino IDE
・電源　　　：USB type Cより5V供給
　　　　　　　5Vと3.3V出力ピンあり
・基板寸法　：20mm×17.5mm
・内蔵周辺　：I/O×11、PWM×11、DAC×1、
　　　　　　　I2C、UART、SPI

2 Wi-Fiモジュール

使ったのは「ESP-WROOM-02モジュール」ですが、実際にはモジュールを基板に実装した図6-6-13のようなモジュールを使いました。必要な端子のみしか外部に出ていないので、簡単に使えて便利なモジュールです。

●図6-6-13　**Wi-Fiモジュール基板**

No	信号名
1	GND
2	IO0
3	IO2
4	EN
5	RST
6	TXD
7	RXD
8	3V3

Wi-Fiモジュールの仕様
型番　　　　　：ESP-WROOM-02（32ビットMCU内蔵）
仕様　　　　　：IEEE802.11 b/g/n 2.4G
電源　　　　　：3.0V～3.6V　平均80mA
モード　　　　：Station/softAP/softAP＋Station
セキュリティ：WPA/WPA2
暗号化　　　　：WEP/TKIP/AES
I/F　　　　　：UART 115.2kbps
その他　　　　：GPIO
（スイッチサイエンス社で基板化したもの）

❸複合センサ

　さらにここで使用したBME280モジュールも基板化されたもので、その外観と仕様は図6-6-14のようになります。

●図6-6-14　BME280モジュールの外観と仕様

ボッシュ社製
型番：BME280
I/F：I2CまたはSPI
温度：−40℃〜85℃　±1℃
湿度：0〜100%±3%
気圧：300〜1100hPa　±1hPa
電源：1.7V〜3.6V
補正演算が必要
（秋月電子通商にて基板化したもの　AE-BME280）

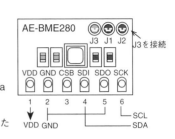

❹有機ELディスプレイ

　表示器としては小型の有機EL表示器を使いました。その外観と仕様は図6-6-15のようになります。I2Cで接続するのみですので、端子数は少なくなっています。

●図6-6-15　有機EL表示器の外観と仕様

No	信号名
1	GND
2	VCC
3	SCL
4	SDA

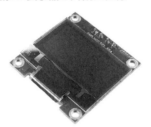

SUNHOKEY社製
品名　　　：有機ELディスプレイ
サイズ　　：0.96インチ
解像度　　：128×64ドット
文字色　　：白
制御チップ：SSD1306
I/F　　　：I2Cアドレス0x3C
電源　　　：3.0〜5.5V

❻回路

　これらの部品を使って、データ収集端末の全体回路は図6-6-16のようにしました。中央上側がXIAO本体です。このI2CのピンにBME280センサとSSD1306のOLEDを接続しています。さらにUARTのピンにWROOM-02を接続しています。電源はXIAOの5Vピンからレギュレータで3.3Vを生成して周辺すべてに供給しています。XIAOの3.3VではWROOM-02がまともな動作ができませんでした。デバッグと状態表示用にLEDを2個用意しました。

●図6-6-16 データ収集端末の回路図

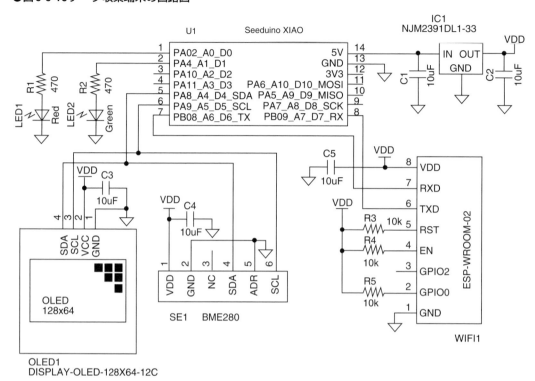

7 部品

このデータ収集端末に必要な部品は表6-6-2となります。

▼表6-6-2 データ収集端末用部品リスト

型　番	種　別	品名、型番	数量	入手先
U1	Arduino	Seeeduino XIAO	1	秋月電子通商
IC1	レギュレータ	NJM2391DL1-33　　3.3V 1A	1	
OLED1	有機液晶表示器	0.96インチ有機ELディスプレイ	1	
SE1	複合センサ	BME280　温湿度気圧センサモジュール	1	
WIFI1	Wi-Fiモジュール	ESP-WROOM-02モジュール ピッチ変換済みモジュール(シンプル版)	1	スイッチサイエンス
LED1	発光ダイオード	3mm　赤	1	秋月電子通商
LED2	発光ダイオード	3mm　緑	1	
R1、R2	抵抗	470Ω　1/6W	2	
R3~R5	抵抗	10kΩ　1/6Wまたは1/4W	3	
C1~C5	チップコンデンサ	10uF　16Vまたは25V　2012サイズ	5	

型　番	種　別	品名、型番	数量	入手先
基板	基板	感光基板　PK10P	1	秋月電子通商
	ピンソケット	7ピン1列	2	
	ピンソケット	6ピン1列	1	
	ピンソケット	8ピン1列	1	
その他	ACアダプタ	Type C オス、5V 1A	1	
	USBケーブル	TypeC オス TypeA オス　USBケーブル	1	

8 組み立て

　回路は簡単ですので小型プリント基板を自作して実装しました。図6-6-17が組立図です。ブレッドボードでも組み立てできるので、プリント基板の製作が難しい方はブレッドボードでチャレンジしてみてください。

●図6-6-17　データ収集端末の組立図

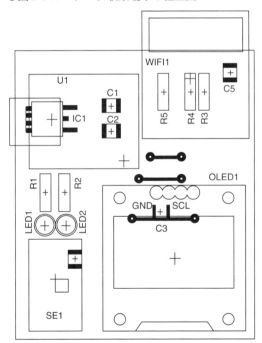

　組み立てが完了したデータ収集端末の外観が写真6-6-4と写真6-6-5となります。

●写真6-5-4　データ収集端末の部品面

●写真6-6-5　データ収集端末のはんだ面側

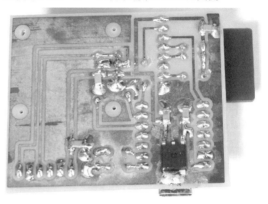

6-6-6 ● データ収集端末のソフトウェアの製作

データ収集端末のソフトウェアはArduino IDEを使ってスケッチで製作します。

■1 宣言

最初の宣言部がリスト6-6-1となります。BME280とSSD1306のライブラリ*をインクルードしています。このライブラリのお陰でプログラムは非常に簡単になります。続いてMQTT用の送信データです。必要なのはConnectとPublishだけになります。ここでMQTTのトピックを「Test」としています。

Arduino IDEでこれらのライブラリをダウンロードする必要がある。

リスト 6-6-1 宣言部

```
/*********************************************
 *  Seeduino XIAO を使ったセンサIOT
 *  BME280の3種のデータをMQTTでパブリッシュ
 *********************************************/
#include <Wire.h>
#include <SparkFunBME280.h>
#include <Adafruit_SSD1306.h>
// MQTT用メッセージ定義とインターバル変数
byte con[]={0x10,0x13,0x00,0x06,'M','Q','I','s','d','p',0x03,0x02,0x00,0x5c,0x00,0x05,'
byte pub[]={0x30,0x1D,0x00,0x04,'T','e','s','t',0,0,0,0,0,0,',',0,0,0,0,0,',',0,0,0,0
int interval=0;
Adafruit_SSD1306 display(-1);
BME280 sensor;
```

周辺用のライブラリ

MQTT用送信メッセージ

周辺初期化

このMQTTのデータフォーマットは、次ページのようになっています。ここでは①のコネクト要求と②のパブリッシュ要求しか使っていません。トピック名を変更したり、メッセージ内容を追加したり変更したりする場合は、このフォーマットにしたがってデータ数などの変更をする必要があります。

　また、MQTTサーバとの接続は、コネクト要求で指定した「keep alive」の時間以内に送信か受信を実行しないと切断されてしまうので、注意が必要です。

●MQTTのメッセージフォーマット

①コネクト要求メッセージ例

```
byte con[]={0x10,0x13,0x00,0x06,'M','Q','I','s','d','p',0x03,0x02,0x00,0x5C,0x00,0x05,'G','o','k','a','n'};
```

0x10	コネクト要求コマンド
0x13	以降の全体バイト数（全バイト数 −2になる）
0x00,0x06	直後のコマンドのバイト数（MQIsdpの文字数に相当）
MQIsdp	決まり事のコマンド
0x03	プロトコルバージョン
0x02	Flag　ClearSession=1のみ
0x00,0x5C	Keep alive　92秒　（パブリッシュ要求待ち時間、これ以上送受信が無いとセッション切断）
0x00,0x05	直後のIDのバイト数（Gokanのバイト数に相当）

②Publishのメッセージ例

```
byte pub[]={0x30,0x19,0x00,0x04,'T','e','s','t',0,0,0,0,0,0,0,',',0,0,0,0,0,',',0,0,0,0,0};
```

0x30	パブリッシュ要求コマンド
0x19	続くメッセージの全バイト数（全体バイト数 −2になる）
0x00,0x04	直後のトピックのバイト長（Testに相当）
数値文字	数値を文字に変換し格納する　間をカンマで区切る　7桁、5桁、5桁に相当（小数点含む）

③Subscribeのメッセージ例

```
byte sub[]= {0x82,0x0E,0x00,0x01,0x00,0x03,'a','b','c',0x01,0x00,0x03,'c','d','e',0x01
```

0x82	サブスクライブ要求コマンド
0x0E	続くメッセージのバイト数（全体バイト数 −2）
0x00,0x01	パケットID
0x00,0x03	続くトピックのバイト数（abcに相当）
abc	トピック名
0x01	QoS
0x00,0x03	トピック名のバイト数（cdeに相当）
cde	トピック名　　複数のトピックを指定できる
0x01	QoS

❷ローカル関数

　次がローカル関数の定義部で、ソフトウェアリセット関数とデータ受信関数とがあります。ソフトウェアリセットは30秒ごとのMQTTパブリッシュが失敗*したとき、強制的にリセットして、最初のアクセスポイントの接続からやり直すようにするための関数です。

　データ受信関数は、Wi-Fiモジュール（WROOM-02）へのコマンドに対する応答の受信関数で、一定時間以内に指定した文字列が受信できたかどうかを判定し、正常応答とタイムアウト応答に分かれます。受信したデータをArduino IDEのシリアルモニタに出力することでデバッグがやりやすくなるようにしています。このあたりの処理が32ビットの能力*を発揮できる部分になります。

この失敗はアクセスポイントとの接続が切断されたことによることが多い。

8ビットのArduinoでは処理が間に合わないので、通信速度を9600bps程度まで下げる必要がある。

リスト　6-6-2　ローカル関数部

```
/*** ソフトウェアリセット関数 ****/
void software_reset() {
    SCB->AIRCR = ((0x5FA << SCB_AIRCR_VECTKEY_Pos) | SCB_AIRCR_SYSRESETREQ_Msk);
}

/*** ESP応答受信と指定時間待ちとシリアルモニタ出力 ***/
bool getResponse(String filter, int timeout){
    String data;
    char a, flag;
    unsigned long start = millis();

    flag = 0;
    while (millis() - start < timeout) {
        while(Serial1.available() > 0) {
            a = Serial1.read();
            Serial.write(a);
            if(a == '¥0') continue;
                data += a;
        }
        if (data.indexOf(filter) != -1) {
            flag = 1;
            break;
        }
    }
    if(flag == 1)
        return true;
    else
        return false;
}
```

現在時間読み出し

タイムアウトチェック

受信チェック

受信実行
モニタ出力

00以外バッファに格納

文字列一致検出

一致でフラグセットし
強制終了

正常リターンと
タイムアウトリターン

❸Setup

次がSetup部でリスト6-6-3となります。最初に周辺の有効化と初期化を実行しています。その後はMQTTのブローカとの接続で、まずアクセスポイントと接続します。ここのSSIDとPassWordは読者のご使用のものに変更してください。これで接続できたら、今度はMQTTブローカとの接続です。ここではラズパイそのものがブローカになるので、ラズパイのIPアドレスでポートは1883で接続します。接続できたら、さっそくMQTTのConnect要求のメッセージを送り、OKが返送されたら接続完了です。

リスト 6-6-3 Setup部

```
/***** 設定関数 ***********/
void setup(){
    int i;

    Wire.begin();
    sensor.settings.I2CAddress = 0x76;   // BMEのI2Cアドレス指定
    sensor.beginI2C();                   // BMEのインスタンス生成
    pinMode(1, OUTPUT);                  // 目印LED
    pinMode(0, OUTPUT);
    Serial.begin(115200);                // 通信速度指定
    Serial1.begin(115200);
    while(!Serial1);
    delay(2000);
    // OLEDの電源電圧とI2Cアドレス設定
    display.begin(SSD1306_SWITCHCAPVCC, 0x3C);
    // MQTTブローカと接続確立
    digitalWrite(1, HIGH);
    Serial.println("Call MQTT!");
    Serial1.print("AT+RST¥r¥n");
    delay(1000);
    Serial1.print("AT+CWMODE=1¥r¥n");    // ステーションモード
    if(getResponse("OK", 1000)==false){Serial.println("NG¥r¥n");}
    // APと接続
    do{
    delay(2000);
    Serial1.print("AT+CWJAP=¥""****SSID******¥",¥"**Password***¥"¥r¥n");
    }while(getResponse("WIFI GOT IP", 10000)==false);
    // MQTTブローカと接続
    do{
    Serial1.print("AT+CIPSTART=¥"TCP¥",¥"192.168.11.51¥",1883¥r¥n");
    delay(1000);
    }while(getResponse("busy", 2000));
    // MQTTコネクト要求送信
    Serial1.print("AT+CIPSEND=21¥r¥n");
    if(getResponse("OK", 1000)==false){Serial.println("NG¥r¥n");}
    for (i=0;i<21;i++)
    Serial1.write(con[i]);
    if(getResponse("OK", 1000)==false){Serial.println("NG¥r¥n");}
    digitalWrite(1, LOW);
}
```

注釈（左側ラベル）:
- I2C、シリアル通信の有効化
- OLEDの初期設定
- WROOMの初期化
- アクセスポイントと接続
- MQTTブローカ（ラズパイ）と接続
- Connect要求

4 メインループ

接続後はメインループに進み、リスト
6-6-4のような処理を実行します。2秒ごとに
BME280センサから気圧、温度、湿度のデー
タを読み出し、OLEDの表示バッファに書き
込み、最後にバッファを出力して表示を実行
します。ライブラリを使うことで表示出力は
簡単に記述できます。

実際に表示された例が写真6-6-6となりま
す。

●写真6-6-6　OLEDの表示例

このあと30秒ごとにMQTTにデータをパブリッシュします。センサデータ
の桁数を指定して調整し、メモリコピーで送信バッファの所定の位置にコピー
します。そして送信バッファ全体をMQTTでパブリッシュします。

万一パブリッシュに失敗した場合には、ソフトウェアリセット関数を実行
して、強制的にsetupに戻りアクセスポイントとの接続からやり直します。

リスト　6-6-4　メインループ部

```
/***** メインループ ******************/
void Loop(){
    char s[7],t[5],u[5];
    int i;

    // OLED描画条件指定
    display.clearDisplay();              // 表示クリア
    display.setTextSize(1);              // 出力する文字の大きさ
    display.setTextColor(WHITE);         // 出力する文字の色
    // センサデータOLED表示
    display.setCursor(0, 0);             // 表示開始位置をホームにセット
    display.print("Press = ");
    display.print(sensor.readFloatPressure() / 100.0, 2);
    display.println(" hPa");
    display.setCursor(0, 11);            // 2行目
    display.print("Temp = ");
    display.print(sensor.readTempC(), 2);
    display.println(" DegC");
    display.setCursor(0, 22);            // 3行目
    display.print("Humi = ");
    display.print(sensor.readFloatHumidity(), 2);
    display.println(" %RH");
    display.display();                   // 表示実行
    // 表示間隔とMQTT間隔の設定
    delay(2000);                         // 2秒間隔
    interval++;                          // MQTT用間隔カウントアップ
    if(interval >= 15){
    interval = 0;                        // 30秒間隔
    digitalWrite(1, HIGH);
    // MQTTで送るデータに数値を埋め込む
```

- OLEDの表示設定
- 気圧の読み出しと表示
- 温度の読み出しと表示
- 湿度の読み出しと表示
- 表示バッファの出力
- 30秒ごとに実行

```
                dtostrf((sensor.readFloatPressure()/100.0), 7, 2, s);
データの桁数調整      dtostrf(sensor.readTempC(), 5, 2, t);
                dtostrf(sensor.readFloatHumidity(), 5, 2, u);
                memcpy(&pub[8], s, 7);         // 送信データ作成
送信バッファに         memcpy(&pub[16], t, 5);
書き込み            memcpy(&pub[22], u, 5);
                // MQTT送信実行
                Serial.println("Send");        // 目印
                Serial1.print("AT+CIPSEND=31¥r¥n"); // 送信
                if(getResponse("OK", 1000)==false){software_reset();}
MQTT送信実行         for (i=0;i<31;i++)
失敗したらリセット       Serial1.write(pub[i]);          // MQTTへパブリッシュ
関数実行            if(getResponse("OK", 1000)==false){software_reset();}
                digitalWrite(1, LOW);
                }
            }
```

このデータ収集端末のデータがラズパイ経由で10分ごとにIFTTTに送信され、IFTTTのアプレットによりGoogleドライブのスプレッドシートに追加されます。Google Driveのスプレッドシートで作成したグラフの例が図6-6-18となります。

温度と湿度を左側の縦軸で表示し、気圧は右側の縦軸で表示しています。これで値が大きく異なるデータを同じグラフ上で表現することができます。

●図6-6-18 スプレッドシートで作成したグラフ例

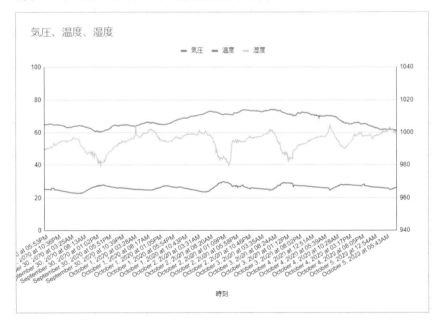

製作例によるNode-REDの使い方

6

Alexa連携LEDディスプレイの製作

6-7-1 Alexa連携LEDディスプレイの概要と全体構成

Echo Dot以外でもできる。

次は、Amazon Echo Dot*を使って「アレクサ　青を50%にして」とか「アレクサ　赤を100%にして」などと声をかければ卵形のLEDディスプレイの色の変化を制御できるというLEDディスプレイを製作します。

Alexa連携LEDディスプレイの外観は、写真6-7-1のようになります。ラズパイにMOSFETトランジスタを追加して、フルカラーのパワーLEDをPWM制御します。ランダムに赤、緑、青の色の強さを変化させることでディスプレイの役割を果たすようにします。Alexaとの連携にはAmazon Echo Dot*を使いましたが、これはEchoであればどのモデルでも動作します。

第3世代が必要。

●写真6-7-1　Alexa連携LEDディスプレイの外観

高速の処理を必要とするため。

ランダム値を生成するrandomノードがある。

大電力制御が可能なMOS構造のトランジスタ。

このAlexa連携LEDディスプレイの全体構成は図6-7-1のようになっています。ラズパイにはモデル3Bか3B+*を使います。Amazon Echo Dotとの連携はNode-REDのノードだけで実現できるので簡単です。LEDのPWM制御をランダムにする制御*もNode-REDで実行します。

パワーLEDには100mA以上の電流を流すので、ラズパイから直接制御することはできません。このため、拡張基板にMOSFET*トラジスタを追加して大電流を制御できるようにします。

●図6-7-1 Alexa連携LEDディスプレイの全体構成

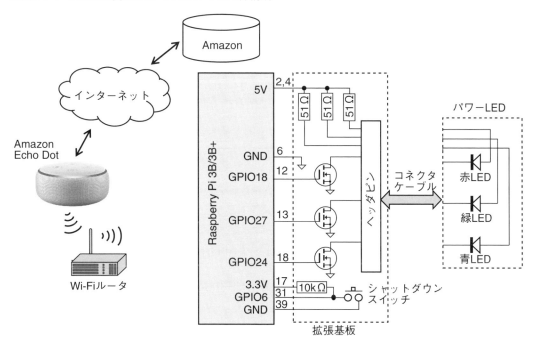

6-7-2 ハードウェアの製作

この製作例で新たに使う部品はパワーLEDとMOSFETトランジスタです。

■1 パワーLED

今回使ったパワーLEDは図6-7-2のような6Wという大電力が可能なフルカラーで強力に光るものです。大電力が可能なのですが発熱が非常に多く、もともとアルミ基板*という効率良く放熱できる基板に実装されているのですが、小さな基板なのでそのままではあっという間に熱くて触れないくらいになってしまいます。そこで、このLEDをアルミケースに固定して放熱を兼ねています。さらに最大350mAまで電流を流せるのですが、本書ではこの1/3の100mA程度として放熱を抑えています。

アルミ板に直接回路を構成することで効率よく放熱できるようにしたもの。

●図6-7-2　フルカラーパワー LED の外観と仕様

品名　　　　：6WフルカラーLED
型番　　　　：OSTCXBEACIS
パッケージ　：アルミ基板
順電流（IF）：Max 350mA
順電圧　　　：赤　2.0～3.0V
　　　　　　　青　3.0～4.0V
　　　　　　　緑　3.0～4.0V
逆耐圧　　　：5.0V

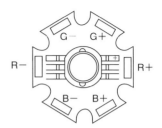

❷ トランジスタ

　MOSFETトランジスタには、余裕を見て図6-7-3のような2SK2796という60V 5Aまで制御できるMOSFETトランジスタを使いました。このMOSFETトランジスタはゲートの電圧だけ*で、ドレインとソース間に流れる電流をオンオフできます。さらにオン時の抵抗値が250mΩと非常に小さいので、例えば0.2A流れた場合でも、0.2A × 0.2A × 250mΩ = 10mWという消費電力ですからほとんど発熱がありません。このため大電流を制御する場合でも放熱器を必要としません。

電流は数μAというわずかしか流れない。

●図6-7-3　MOSFET トランジスタの外観と仕様

品名　　　：NチャネルMOSFET
型番　　　：2SK2796L
パッケージ：DPAK
DS間電圧　：Max 60V
DS間電流　：Max 5A DC
閾値電圧　：Max 2Vでオン
オン抵抗　：Max 0.25Ω
オン時間　：9nsec
オフ時間　：35nsec

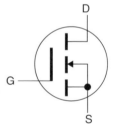

❸回路

　ハードウェアの組み立てをします。全体の回路図が図6-7-4となります。拡張基板はMOSFETトランジスタとスイッチ、抵抗だけの実装ですから簡単です。パワー LEDとはコネクタケーブルで接続します。

●図6-7-4　拡張基板の回路図

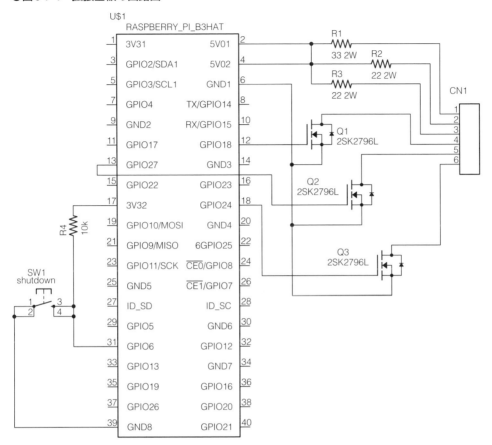

4 部品

この組み立てに必要な部品は表6-7-1のようになります。

▼表6-7-1　部品表

型　番	種　別	品名、型番	数量	入手先
	ラズパイ	Raspberry Pi3 Model BまたはB+　キット 電源、SDHC、ケース、HDMIケーブル ヒートシンク、カードリーダ	1	アマゾン
Q1、Q2、Q3	トランジスタ	2SK2796L	3	
R1	抵抗	33Ω　2W	1	
R2、R3	抵抗	22Ω　2W	2	秋月電子通商
R4	抵抗	10kΩ　1/4Wまたは1/6W	1	
CN1	ヘッダピン	角ピンヘッダ　6×1列	1	
SW1	タクトスイッチ	基板用小型タクトスイッチ	1	

製作例によるNode-REDの使い方

6

基板	基板	Raspberry Pi用ユニバーサル基板	1	秋月電子通商
	ピンソケット	2列×20（40P） 8.5mm高さ	1	
	スペーサ	貫通型 高さ3mmまたは5mm	4	
	スペーサ	高さ10mm タップ付き	2	
	スペーサ	M3×12 プラスチックねじ、ナット	4	
外部部品	ケーブル	コネクタ付きケーブル 1x6Pメス／ 1x6Pメス 30cm長	1	
		ゴム足	4	
	LED	6WフルカラーLED OSTCXBEACIS	1	
	ケース	アルミケース 小型	1	
	Echo	Amazon Echo Dot（第3世代）	1	アマゾン
	半球	卵型プラスティック ディスプレイケース	1	東急ハンズ
		アクリルアイスロック	30	
その他	線材	ポリウレタン線 0.4mm	少々	
	線材	耐熱ワイヤ	少々	
		M3 ボルトナット	少々	
		2mm厚 アクリル板	少々	東急ハンズ等

⑤ 拡張基板の組み立て

拡張基板の組立図が図6-7-5となります。

●図6-7-5 拡張基板組立図

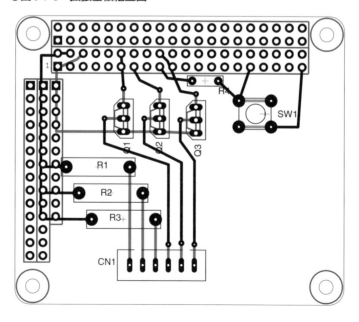

拡張基板の左側の列に5Vの列があるので、ここをLED用の電源として使って、抵抗を3個接続します。またGNDの列もトランジスタ用のGNDとして使います。

パワーLEDは、6ピンのコネクタケーブルで接続するので、拡張基板にはヘッダピンだけ実装します。

組み立て完了後の拡張基板の外観が写真6-7-2となります。

●写真6-7-2 拡張基板の外観

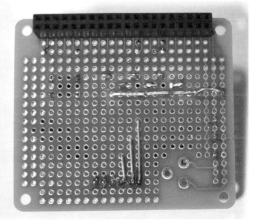

6 ディスプレイ部の組み立て

LEDディスプレイ部の組み立ては、卵型の透明ケースにアクリルアイスロックを一杯詰め込んだものをディスプレイとして使います。これをアルミケースに載せているだけです。

アルミケースは写真6-7-3のように底にパワーLEDを固定して放熱ができるようにし、上部に穴をあけて卵型ディスプレイの底に光が当たるようにします。ラズパイと接続するケーブルはコネクタの片側を切断し、直接LEDにはんだ付けしています。

●写真6-7-3 LEDディスプレイ部の組み立て

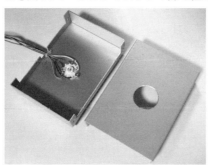

6-7-3 ● ラズパイの準備

・・・・・・・・・・・・・・
Alexaとの連携はノードだけでできる。

ハードウェアの製作が完了したら、次にNode-REDのフローを製作します。その前に、他の製作例と同様、ラズパイの準備作業として、OSのインストールと、追加の作業を行います。この製作例では特に追加のアプリ*はありません。

■1 Raspbianのインストール

2章の手順にしたがってOSをインストールします。その後、リモートデスクトップを有効化します。インターフェースでは特に有効化が必要なものはありません。さらにIPアドレスの固定化も実行します。この製作例では192.168.11.56*とします。

・・・・・・・・・・・・・・
読者のお使いのWi-Fiルータのアドレスに合わせる。

■2 Node-REDの自動起動

次のコマンドでNode-REDが起動時に自動起動するようにします。

```
sudo systemctl enable nodered.service ↵
```

■3 gpiodアプリの自動起動

gpiodアプリを起動時に自動起動させるため、次のようにnanoエディタでrc.localファイルを開いて図6-7-6のように、「/usr/bin/pigpiod」の1行を追記します。保存後エディタを終了したらRebootして再起動します。

```
sudo nano /etc/rc.local ↵
```

●図6-7-6 rc.localへの追記

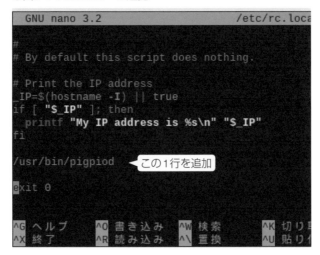

保存後エディタを終了したらRebootして再起動します。

❹Node-REDのパレットの追加

Alexa連携、shutdown、gpiodのパレットが必要です。Webブラウザで
Node-REDを開いて、次のパレットを追加します。追加方法は3-7節を参照し
てください。

- node-red-node-pi-gpiod
- node-red-contrib-rpi-shutdown
- node-red-contrib-amazon-echo

これで準備完了です。

6-7-4　フローの製作

次にAlexa連携LEDディスプレイのフローを製作します。新しいノードを
いくつか使います。まずAlexaとの連携を実行するAmazon Echoノードでは、
図6-7-7の2つのノード*を図のように設定して使います。

Amazon Echo Deviceの方の設定では、Name欄に設定した名前がアレクサ
で呼びかけるときに使う名前となります。例えば「赤」と設定すれば、「アレ
クサ、赤をオンにして」とかと、デバイス名称が赤となります。そして、この
Deviceのノードは何個でも追加接続ができ、それぞれが異なるデバイスとし
て認識*されます。

> node-red-contrib-
> amazon-echoのパ
> レット追加が必要。

> デバイスの探索を実行
> する必要がある。

●図6-7-7　Amazon Echoノードの設定

> 6000以降であれば問
> 題ない。

> 使う目的が定義されて
> いるポート番号のこ
> と。

次にAmazon Echo Hubノードでは、Portの番号をデフォルトの80から、
通常使われていないポート番号*(ここでは8111とした)に変更します。これは、
80のままでは、インターネット上のWell Known Port*でHTMLサービスなど
に多くの通信に使われていて衝突して不便なためです。

しかしAmazon Echoのサービス内では80のままで送信されるので、これ
をリダイレクトして8111として受信するように設定する必要があります。こ
のために、次のコマンドでルーティングルールを変更して対応します。

ラズパイのLXTerminalを開いてコマンドとして入力します。

最初のコマンドでポート80を受け付け、2行目でそれを8111にリダイレクトします。3、4行目ではこの設定をルーティングテーブル*に保存して次の起動時にも同じ設定となるようにします。

```
sudo iptables -I INPUT 1 -p tcp --dport 80 -j ACCEPT↵
sudo iptables -A PREROUTING -t nat -i wlan0 -p tcp  --dport 80
  -j REDIRECT --to-port 8111↵
sudo apt-get install iptables-persistent↵
sudo sh -c "iptables-save > /etc/iptables/rules.v4"↵
```

これだけの設定でAmazon Echoを使ってAlexaとの連携が可能になります。

これらのノードを使って作成したフロー全体が図6-7-8となります。ややノードが多くなっていますが、大きく次の5つの処理に分かれています。

- グローバル変数の定義と初期値の設定
- Alexaから受信したデータを最大値としてグローバル変数に格納する
- 一定間隔で最大値をランダムに求める処理
- 高速で明るさを順次明るくしたり暗くしたりする処理
- シャットダウンスイッチの処理

●図6-7-8　Alexa連携LEDディスプレイの全体フロー

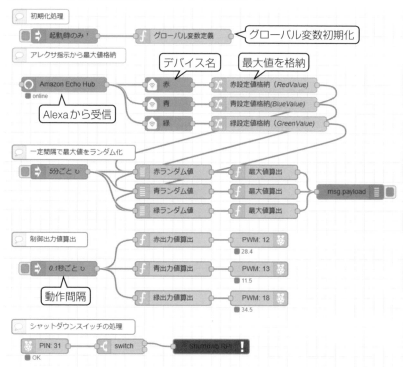

個々のノードの設定内容を説明します。最初のアレクサからの受信の部分は、図6-7-9のように設定しています。

1 初期化関数

最初は起動時に1回だけ実行する処理で、内部で使うグローバル変数の定義と初期値をセットしています。これはアレクサからの指示が無いと変数がセットされないため、そのままでは実行エラーとなるので初期化処理で値をセットしています。

2 Amazon Echo Hub

次のAmazon Echo HubとDeviceの設定は図6-7-7どおりで、Deviceとしては赤、青、緑の3個を追加しています。このHubノードからは「アレクサ緑を50%にして」というと、図のようにJSON形式のオブジェクト内の「percentage」の項目として出力されます。それぞれの後のchangeノードで、percentageの値をGlobal変数（RedValue、BlueValue、GreenValue）に代入しています。これが今後の各色の明るさの最大値として使われることになります。

●図6-7-9 アレクサからのデータを最大値として格納

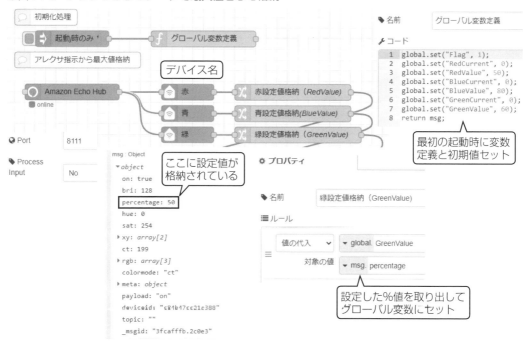

ここで、図6-7-9のように3個のデバイスを追加したあと、Amazon Echo Dotにデバイスを認識させる方法を説明します。方法には2つあって、一番簡単なのは、「アレクサ、デバイスを探して」と指示することです。これでしば

らくすると検出結果を答えてくれます。

　もうひとつの方法は、タブレットやスマホで、「Amazon Alexa」アプリ*を導入して「デバイスの追加」を実行する方法です。この手順は図6-7-10のようにします。最初に起動後一番下にあるメニューで①デバイスを選択し、②＋マークをクリックします。次の画面で③デバイスを追加とし、さらに次で④照明*と、さらに次に⑤その他を選択します。次の画面で下側にある⑥［デバイスを検出］をクリックすると検出動作が始まり、しばらくすると検出が完了します。このとき本書の例では3台のデバイスを検出しました。あらためてデバイスの画面を開くと⑦のように3台の赤、青、緑のデバイスが検出されています。

　今回使ったnode-red-contrib-amazon-echoのノードの動作は、インターネット経由によるAmazonのサーバは使いません。したがって、Amazonサイトにデバイスやスキルなどを登録する必要がありません。ローカル、つまりラズパイ本体でデバイスを検出してすぐ応答するので、高速で応答します。

> アレクサアプリとも呼ばれている。

> このノードでは照明デバイスとして認識される。

●図6-7-10　デバイスの新規検出手順

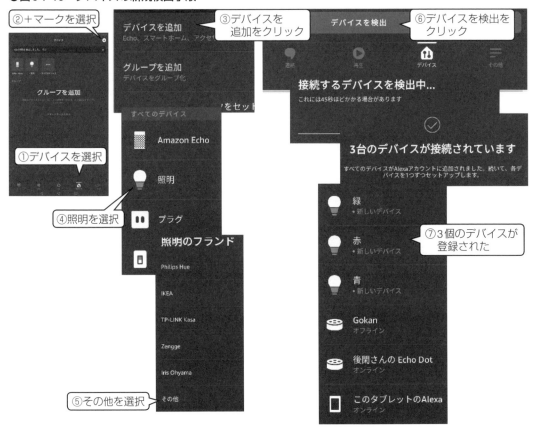

❸ランダム値生成

次のフローは、アレクサで設定したときと、一定時間間隔で起動して、3色ごとの明るさの最大値をランダムに決定する処理となります。この各ノードの設定は図6-7-11のようになります。この最大値をランダムにすることにより、色の変化が同じものにならないようにしています。

ランダム値は1から100の間の値を生成するようにします。次のfunctionノードでは、現在のアレクサからの最大設定値のグローバル変数（RedValue、BlueValue、GreenValue）と、それにランダム値（temp）を乗じたものをそれぞれ1/2ずつにして加算して次の明るさの最大値としてグローバル変数（RedMax、BlueMax、GreenMax）に保存しています。2つの値を使ったのは、アレクサで設定した値がすぐある程度反映されるようにするため重みづけをしています。

●図6-7-11　ランダムに最大値を算出する処理部

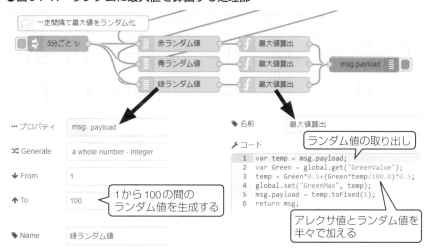

❹LED制御

次のフローが実際にLEDを制御するフローで図6-7-12となります。

このフローは0.1秒間隔で起動され高速動作となります。まずfunctionノードで出力する値を計算で求めています。最初にグローバル変数の値をロードして現在の最大値と前回の出力値とフラグを取得しています。そしてFlagが1であれば上昇と判断して出力値を＋0.1します。そしてこの値が最大値以上になったらFlagを0にしています。Flagが0の場合は逆に下降と判断して出力値を－0.1し、0.1より小さくなったらFlagを1にしています。最後に計算した出力値とFlagをグローバル変数に再格納してから、payloadに出力値の小数桁を1桁に制限して出力し、次のGPIOへの出力値としています。GPIOにはデーモン動作のgpiodを使って、標準PWMモードとして設定しています。

●図6-7-12　LED制御処理部

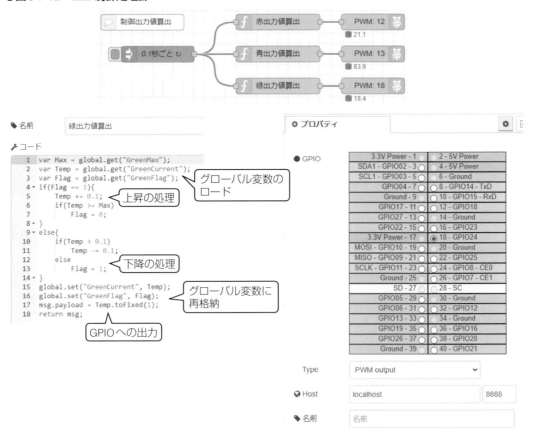

コードブロック内:

```
1   var Max = global.get("GreenMax");
2   var Temp = global.get("GreenCurrent");
3   var Flag = global.get("GreenFlag");
4 ▾ if(Flag == 1){
5       Temp += 0.1;
6       if(Temp >= Max)
7           Flag = 0;
8 ▾ }
9 ▾ else{
10      if(Temp > 0.1)
11          Temp -= 0.1;
12      else
13          Flag = 1;
14▾ }
15  global.set("GreenCurrent", Temp);
16  global.set("GreenFlag", Flag);
17  msg.payload = Temp.toFixed(1);
18  return msg;
```

注釈:
- グローバル変数のロード
- 上昇の処理
- 下降の処理
- グローバル変数に再格納
- GPIOへの出力

図6-2-9参照。

最後がシャットダウンスイッチ*の処理ですが、他の例と同じですので省略します。

以上でLEDディスプレイのフローは完成です。

これを動かしてみるとジワーと色が変化していき、毎回色の出方が異なるのでなかなか見ていて面白いです。実際のディスプレイの動きを見て、時間間隔などを調整してみてください。拡張機能として時間間隔もアレクサで設定できるようにするのもありかと思います。読者のチャレンジに期待します。

240

付録

付録 A Linux の基礎

アプリやデバイスを動作させるための基本となるソフトウェアで、全体の動作管理をする。

CUI (Character User Interface) と呼ぶ。

Linuxはその生い立ちから非常にたくさんのソフトウェア群で構成されたオペレーティングシステム (OS)* です。もともとはパソコン用のOSとして開発されたのですが、公開当時のパソコンでは現在のようなグラフィック画面は十分な性能では使えなかったため、同じOSのWindowsとは異なり、文字によるコマンドでの操作* が基本となっています。

A-1 Linux の構成

ここでLinuxの基本的な内部の構成をみておきます。この構成が理解できれば、どのようにしてプログラムが動くのかがだいたい理解できると思います。非常に大雑把にLinuxシステムを図で表すと図A-1のようになります。

●図A-1　Linux の全体概略構成

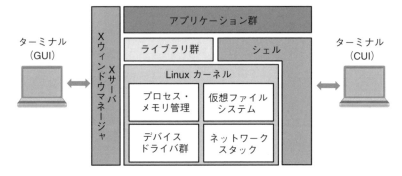

1 Linux カーネル

Linuxの基盤となる部分は「Linux カーネル」です。これが基本となるメモリやネットワーク、周辺デバイスの管理を行う部分でOSの中核となります。Linuxカーネル部だけでディレクトリやファイルの操作、外部アプリケーションのインストールなど多くのことができます。しかし、カーネル自身はユーザと直接対話する機能を持っていないので、直接動かすことはできません。

2 シェルとターミナル

Linuxカーネルとユーザの間に入って対話機能を果たす機能部を「シェル」と呼んでいます。Linuxカーネルをすっぽり覆った貝殻の殻 (Shell) のように

見えることからシェルと呼ばれています。シェルとLinuxカーネルの関係を図で表すと図A-2のようになります。

　シェルはユーザの入力したコマンドを解釈してLinuxカーネルに処理を依頼し、カーネルが処理した結果を文字列にして表示するという通訳（インタプリタ）の機能を果たしています。シェルにも多くの開発者が関わっていて、シェルそのものにも複数の種類*があり、それぞれに特徴があるものになっています。

●図A-2　Linuxカーネルとシェルの関係

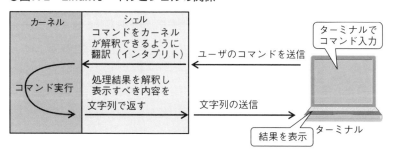

　Linuxユーザは、シェルという仲介役を介して、「**ターミナル**」と呼ばれる端末から文字によるコマンドを入力し、文字による応答メッセージで確認するようになっています。このような文字によるインターフェースを**CUI**（Character User Interface）と呼んでいます。

　1対1のコマンドと応答メッセージというやりとりだけでなく、「**シェルスクリプト**」と呼ばれるコマンドを並べたテキストファイルを作成して、これをコマンド列として一気に実行させることもできます。

❸ XサーバとXウィンドウマネージャ

　Linuxカーネルの外側に「**Xウィンドウ**」と呼ばれるプログラム群があり、XサーバとXウィンドウマネージャによりグラフィカルな画面が表示されるようになっています。

　このグラフィカルな画面をベースにしたマウスによる操作方式を**GUI**（Graphical User Interface）と呼び、Linuxの基本のグラフィック画面を「デスクトップ」と呼んでいます。

　デスクトップでは基本的な操作はグラフィカルな画面とマウスによりできるようになっていますが、多くの操作が相変わらず文字によるコマンドとなっています。GUIの場合のコマンド操作にはターミナルというWindowsのコマンドプロンプトと同じようなウィンドウの1つが使われます。このあたりがパソコンのWindowsと大きく異なる部分となっています。

　ラズパイのデスクトップ画面例が図A-3となります。図のように左上にメニューが用意されていて、ここからもともとRaspbianに同梱されているアプ

リケーションをマウスで起動できます。さらに上側のバーを「**アプリケーショ
ンランチャー**」と呼んでいて、ここからよく使うアプリケーションをワンクリッ
クで起動できるようになっています。さらにこのランチャーの右端にはネッ
トワークなどの状態を常時表示するアイコンがあり、ここから設定もできる
ようになっています。

●**図A-3　ラズパイのデスクトップ画面**

４ライブラリとアプリケーション

　Linuxシステムには膨大な**ライブラリ**が世界中にあり、誰もが自由に使える
ようになっています。カメラによる動画撮影や、テキストの音声読み上げなど、
高機能でとてもライブラリとは呼べないアプリケーションレベルのものも自
由に使えます。

　アプリケーションは最終的な目的とする機能を持ったプログラム群です。

　ライブラリもアプリケーションも非常に多くの既存のものがあり、ある特
定のサーバにまとめられています。ここから誰でもダウンロードするだけで
使えますが、どこに何があるのかを調べることにかなりの労力を必要とします。

　したがって、初心者は最初の間は、書籍などの情報に基づいて場所を知り、
ダウンロードして使うようにします。このようにして十分使い込んでいくうちに、
どうやって調べればよいかの勘所がわかってくるようになります。

A-2　Linuxの起動時の動作

　Linuxが起動されたとき、どのようなことをしているかを知ると、アプリケーションなどを自動起動させたい場合などに関連するファイルが理解できます。Linuxの起動時の大まかな流れは、図A-4のようになっています。

■1■ブートローダの起動

　SDカードの決められた場所に、電源オン時にカーネルを読み込むための**ブートローダ**と呼ばれる小さなプログラムが用意されています。ラズパイは最初にこのブートローダを読み込み、そのブートローダでカーネルを読み込みます。カーネルの読み込みが完了するとカーネルが動作を開始します。

■2■初期化処理

　カーネルがメモリや各種の周辺ハードウェアの初期化処理を行い、カーネル自身の初期化を行った後、周辺モジュールを動作させるドライバ群を順次呼び出して動作環境を整えます。

■3■initプロセスの実行

> 実行の単位。マルチプロセッサの場合はプロセッサごとに割り当てられて並行実行される。

　カーネルは初期化処理が完了したら「init」というプロセス*を起動します。これが最初に実行されるプロセスで、以降に生成されるすべてのプロセスの親になります。initは初期化スクリプト「/etc/initab」を実行し、常時動作するプログラム（これらを**デーモン**と呼ぶ）を起動します。

　このinitプロセスの最後に実行されるのが、「rcスクリプト」です。このスクリプトの最後に実行されるのが/etc/rc.localというスクリプトファイルで、すべての準備が整った後に実行されますから、ユーザが自動起動させたいアプリケーションがあるときには、このスクリプトファイルに追加すればよいことになります。この最後にログインプロンプトを表示してユーザのコマンド操作待ちとなります。

　カーネルが起動時に実行する内容はここまでで、以降は何らかのアプリケーションや割り込みなどのトリガにより動かされて動作することになります。

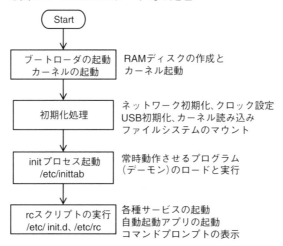

●図A-4　Linuxのスタート時の処理

Start

ブートローダの起動
カーネルの起動　　　RAMディスクの作成と
　　　　　　　　　　カーネル起動

初期化処理　　　　　ネットワーク初期化、クロック設定
　　　　　　　　　　USB初期化、カーネル読み込み
　　　　　　　　　　ファイルシステムのマウント

initプロセス起動　　常時動作させるプログラム
/etc/inittab　　　　（デーモン）のロードと実行

rcスクリプトの実行　各種サービスの起動
/etc/ init.d、/etc/rc　自動起動アプリの起動
　　　　　　　　　　コマンドプロンプトの表示

A-3　カーネルの機能

Linuxの中枢をなすのはカーネルです。このカーネルの機能をもう少し詳しくみてみましょう。カーネルとアプリケーションなどの関係は図A-5のようになっています。

●図A-5　カーネルの機能

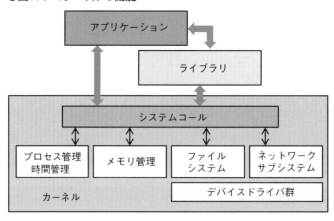

カーネル自身が実行する主な機能は下記のようになります。

1 プロセス管理と時間管理

CPUがマルチプロセッサの場合にはプロセッサごとに1つのプロセスが割り当てられて並行実行する。

　Linux上で動作するアプリケーションプログラムを制御する機能です。ユーザがアプリケーションを起動すると、それが1つのプロセスとなりカーネルの管理下に入ります。カーネルは複数のプロセスの実行*を管理し、すべてのプロセスが優先順位にしたがって公平に実行されるように実行環境を割り当てて「**マルチタスク**」を実現しています。

　システム実行中の時間を管理し、遅延処理や時刻による処理などを行います。

2 メモリ管理

　搭載されているメモリを、プロセスごとに仮想空間を構成して割り当てて実行します。マルチタスクですから、常に複数のプロセスが存在します。しかし、異なる仮想空間のメモリには互いにアクセスできないようにして、頑強で安定なマルチタスクを実現しています。

3 ファイルシステム

　アプリケーションやデータは**ファイル**として保存管理するようにしています。カーネルでは、論理的なファイルと物理的なハードウェアのディスクとを対応付けしています。

4 ネットワークサブシステム

　TCP/IPをはじめとした多くのプロトコルによる通信機能を提供します。

5 デバイスドライバ

　ディスクやUSBなど物理的な周辺モジュールを駆動するために必要なドライバプログラム群は、標準であらかじめ用意されていて、接続すれば自動的にドライバが動作して使えるようになっています。

　また周辺モジュールを「キャラクタデバイス」と「ブロックデバイス」に大別して抽象化し、共通の手順でアクセスできるようにしています。

6 システムコール

　ユーザやアプリケーションがカーネルを直接使うことはできず、ユーザが使う場合には前述のようにシェルが仲介役となります。これに対してアプリケーションがカーネルの機能を使う場合には、**システムコール**という仲介役を使います。システムコールはアプリケーションから呼び出すことができるプログラムの集まりで、アプリケーションやライブラリはこのシステムコールを呼び出すことでカーネルに指示を出してカーネルの機能を利用します。

　以上のように、カーネルはLinuxの中枢としてプロセスやメモリの管理を通して全体の管理を実行しています。このカーネルの構造がマルチユーザでマ

ルチタスクが前提とされていて、実行環境をそれぞれで完全に独立にすることで、頑強で安全な動作を実現しています。この特徴により多くのサーバ用のOSとして採用されています。

A-4 Linuxのディレクトリ構造とパスの概念

Linuxの基本の動かし方はシェルコマンドで動かす方法です。ターミナルを使ってコマンドを入力し、シェル経由でLinuxのコマンドを1つずつ実行する方法です。カーネルが持つ機能だけでなく、Raspbianに同梱されているアプリケーションを起動、停止することもできますし、新たなアプリケーションをネットワークからダウンロードしてインストールし実行するようなこともできてしまいます。

このコマンドで実行させる場合、Linux内のどこに何があるかを知っていないとなかなか思うように動かせません。それは、Linuxのコマンドが「**ディレクトリ**」と呼ばれる方法でコマンドの存在する場所を指定して実行しなければならないようになっているためです。このディレクトリ指定の記述のことを「**パス**」とも呼んでいます。

つまり、コマンドも1つの実行ファイルと同じ扱いであるため、それが存在するディレクトリつまりパスを指定してコマンドを起動しないと、「そんなコマンドはありません」と怒られてしまいます。

したがってLinuxを始めるためには、基本的なLinuxのディレクトリ構造を知っていることが必要になります。Linuxのディレクトリは、Windowsのディレクトリやフォルダと似ていますが、ディスクなど物理的な位置は無視されていて、あくまでも論理的なディレクトリ名だけで扱われています。したがってCドライブとかDドライブなどという表現はありません。

Linuxのディレクトリ構造は図A-6のような階層構造で表現されます。一番上の親となる階層を「ルート」と呼びパス記述では「/」だけで表します。その下に連なる各階層のパスの指定は図のように、「/usr」とか「usr/local/src」などと「/」で各階層を区切りながら指定していきます。

このようにパス指定とは、Linuxのディレクトリ階層構造を使って、ディレクトリの位置、またはファイルやコマンドの位置を指定する方法ということになります。

ここで毎回すべてのパス（これを**絶対パス**と呼ぶ）をルートから入力するのは長いコマンドになって面倒なので、「**相対パス**」という指定方法が用意されています。

Linuxでは「cd」というコマンドでユーザがディレクトリを移動できることから、今現在ユーザが居るディレクトリ（カレントディレクトリと呼ぶ）を基

準にして省略形で記述する方法を相対パスと呼んでいます。相対パス指定では、
「./」が現在位置を示し、「../」が現在位置より1つ上の階層を示します。

●図A-6　Linuxのディレクトリの階層構造とパス指定

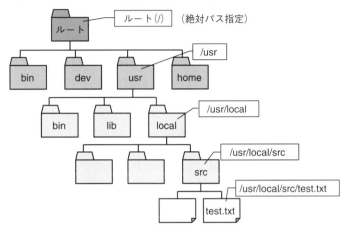

　例えば図A-7のようにユーザが「/usr/local/src」というディレクトリに移動
している場合、test.txtを指定するときには、単純に「./test.txt」と記述するだ
けで指定できます。さらに「./」は省略可能ですので、単に「test.txt」と指定し
ただけで済むことになります。
　さらに「../コマンド」と指定すると1つ上の階層のlocalディレクトリにある
コマンドを指定することになります。さらに「../../」とすると1つ上の階層の
さらに上の階層ですから、usrディレクトリを指定することになります。

●図A-7　Linuxのディレクトリの階層構造と相対パス指定

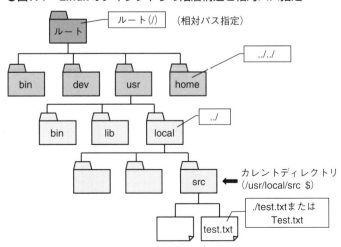

A-5 Linuxの管理者権限

　Linuxではユーザの権限は「root」と「一般ユーザ」の2種類しかありません。rootがシステムのすべてをコントロールできるユーザで、その他はすべて一般ユーザで平等の扱いです。

　一般ユーザが一時的にroot権限を持ってコマンドを実行できます。そのためにはコマンドの前に「sudo」(superuser doの略)という記述を追加します。

　Linuxではファイルに対する権限がWindowsとは大きく異なっています。何も指定しないでファイルを作成すると、作成者のみがフルコントロールが可能で、他は読み取り権限だけが与えられます。

　Linuxでのファイルの許可権限は下記の3通りで指定されます。これらの権限の変更はシェルコマンドでできるようになっています。

　　　　r　：読み取り権限　　　w　：書き込み権限　　　x　：実行権限

付録 B　Linuxの基本コマンド

ラズパイを動かすために最低限必要なターミナルから入力して使う「**シェルコマンド***」とその使い方です。

> Linuxのカーネルと対話形式での操作を可能とするコマンド群のこと。

B-1　ターミナルの起動とプロンプト

まずシェルコマンドを入力するために必要なターミナルの起動が必要です。ラズパイの場合には、図B-1のようにGUIのデスクトップの左上側のランチャ*にターミナルのアイコンが用意されているので、これをマウスでクリックするだけで起動できます。また、Menuの中にも用意されていて、［Menu］→［アクセサリ］→［LXTerminal］でも起動できます。シェルコマンドはこのターミナルから入力し、コマンド実行結果もここに表示されます。

> launcher。アイコンのマウスクリックで簡単にプログラムを起動できるようにしたもの。

●図 B-1　ターミナルの起動

ターミナルを起動すると最初に緑色で表示される部分があります。これを「**プ
ロンプト***」と呼んでいます。このプロンプトの表示内容は次のようになっていて、
最後の文字が$の場合は現在のユーザが一般ユーザ、#の場合はスーパーユー
ザであることを表しています。デフォルトでは、ユーザ名は「pi」ホスト名は
「raspberrypi」となっています。

prompt。命令入力が
受け付けられる状態に
あることを示すため
に表示される文字や記
号。

「ユーザ名＠ホスト名：カレントディレクトリ $」

実際のラズパイの例では、

```
pi@raspberrypi:~ $
```

などとなっています。（~ は /home/piの略）

コマンドの実行が終了すると必ずこのプロンプトが表示されて、次のコマ
ンドの入力が可能なことを表しています。逆にプロンプトが出ない間はコマ
ンドの実行が継続中であることを示しています。これを強制的に終了させる
ためには、Ctrl + C をキー入力します。

B-2 ディレクトリを扱うコマンド

コマンドで最初に必要となるのがディレクトリの移動や内容の一覧を表示
するもので、次のようなコマンドがよく使われます。コマンドそれぞれにオ
プションがあり、各種の拡張機能が用意されています。

❶ls ディレクトリ内のファイル一覧を出力

ディレクトリの指定がある場合は指定されたディレクトリ、ディレクトリ
指定が無い場合はカレントディレクトリ内のファイルの一覧をオプション指
定にしたがって表示します。

【書式】 ls （オプション）（ディレクトリ名）
【オプション】

ファイル名が「.」から
始まるファイルのこ
と。

-a	隠しファイル*も表示する
-A	隠しファイルも表示するがカレントと親ディレクトリは表示しない
-1	1列で表示する
-l	詳細情報を表示する
-t	タイムスタンプ順にソート（昇順）して表示する
-r	降順で表示する
-d	引数がディレクトリの場合、そのディレクトリ内に保存されているファイルではなく、そのディレクトリ自体の情報を表示する
-S	サイズが大きい順に並べて表示する
-X	拡張子ごとに並べて表示する

【使用例】　図B-2　lsとls -lの場合の例

●図B-2　lsコマンドの使用例

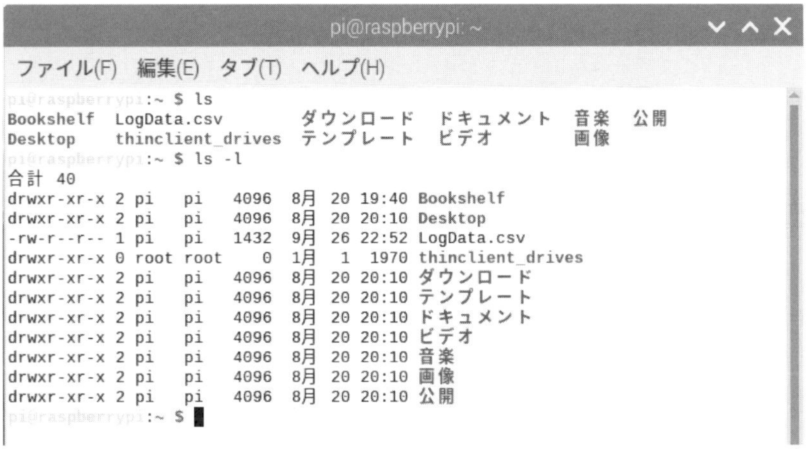

❷cd　ディレクトリの移動
【書式】　　cd（ディレクトリ名）
【ディレクトリの指定】

　cd ..　　1つ上の階層へ移動する

　cd ~　　ホームディレクトリへ移動する

　cd /　　ルートディレクトリへ移動する

【使用例】　cd /home/pi

❸pwd　カレントディレクトリの表示
　現在位置するディレクトリ名を表示します。

❹mkdir　新規ディレクトリの作成
【書式】　　mkdir（ディレクトリ名）
【使用例】　mkdir /work

　　　　　カレントディレクトリ内に新規にworkディレクトリを作成する

❺rmdir　指定したディレクトリの削除
　指定されたディレクトリにファイルが存在しない場合のみディレクトリを削除します。

【書式】　　rmdir（ディレクトリ名）
【使用例】　rmdir ./work

　　　　　カレントディレクトリ内のworkディレクトリを削除する

6 rm　ファイルの削除

【書式】　　rm（オプション）（ファイル名）

【オプション】

-I　　削除する前に確認する

-f　　アクセス権限のないファイル、存在しないファイルを指定しても
　　　エラーメッセージを出さない

-r　　ディレクトリごと削除する

7 mv　ファイルの移動

【書式】　　mv（オプション）（移動元ディレクトリ）（移動先ディレクトリ）

【オプション】

-I　　移動先に同じファイルがある場合はコピーするかどうか確認をする

-f　　移動先に同じファイルがある場合は強制的に上書きする

-u　　移動先に同じファイルがあり、タイムスタンプが移動元ファイル
　　　と同じか移動元より最新なら移動しない

　これらのコマンドの使用例が図B-3となります。

●図B-3　ディレクトリ関連コマンドの使用例

B-3　システム制御コマンド

superuser doの略。一時的に管理者権限でコマンドを実行する。

ラズパイなどのLinuxシステムを停止、再起動するためのコマンドです。これらのコマンドは通常管理者権限でないと有効にならないので、sudo[*]を先頭に追加して使います。

◼️sudo shutdown　システムの停止または再起動

【書式】　　sudo　shutdown [-h|-r][-fqs][now|hh:ss|+mins][message]

【オプション】

-h　　　　システムをシャットダウンする

-r　　　　システムを再起動する

-f　　　　再起動の際ファイルシステムのチェックを行わず起動する

-q　　　　メッセージを表示しない

now　　　すぐにシャットダウンか再起動を行う

hh:ss　　指定した時間にシャットダウンか再起動を行う

+mins　　現在より指定時間(分)後にシャットダウンか再起動を行う

message　シャットダウンか再起動時に表示するメッセージ

【使用例】　sudo shutdown -h now

◼️sudo reboot　システムをすぐ再起動

【使用例】　sudo reboot

B-4　アプリケーションインストール関連コマンド

新規にアプリケーションをインストールする場合に必要となるコマンドです。これらのコマンドも大部分管理者権限でないと正常動作しないので、先頭にsudoを付加して使います。

◼️sudo　指定したユーザでコマンドを実行する

指定したユーザのデフォルトが一般ユーザになっているため、管理者権限でコマンドを実行する場合に使います。

【書式】　　sudo (コマンド)

【使用例】　sudo apt-get install xrdp

◼️apt-get　パッケージを取得

パッケージを取得してインストール、アップデートします。指定されたパッケージがアップロードされているサーバに問い合わせて、指定したパッケージのダウンロードからインストールまでを自動的に実行するコマンドです。

動作に必要な依存関係があるパッケージも自動的に入手してインストールします。システムに導入済みのパッケージのアップデートもできます。

なお、update実行後upgradeするとインストール済みのパッケージを最新版に更新します。Windowsのupdateと同じ機能を果たします。

【書式】apt-get（オプション）（コマンド）（パッケージ名）

【オプション】

-y　　　　　問い合わせがあった場合はすべて「y」と答える

【コマンド】

update　　サーバから最新のパッケージリストを入手する

upgrade　　パッケージを最新の状態にアップグレードする

install　　パッケージをインストールする

remove　　パッケージをアンインストールする

clean　　　キャッシャファイルを削除する

●図B-4　updateコマンドの使用例

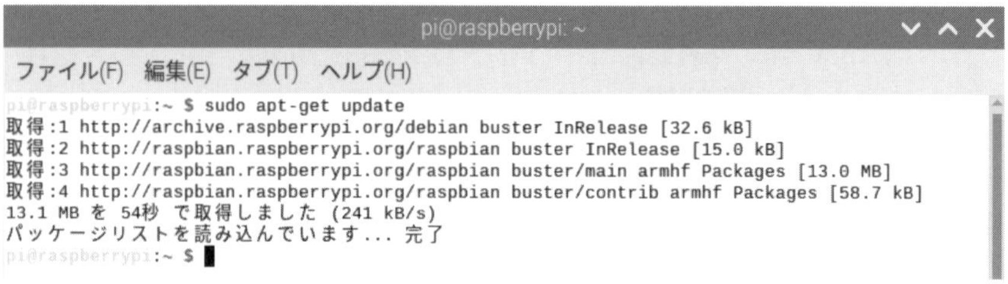

```
pi@raspberrypi: ~
ファイル(F)  編集(E)  タブ(T)  ヘルプ(H)
pi@raspberrypi:~ $ sudo apt-get update
取得:1 http://archive.raspberrypi.org/debian buster InRelease [32.6 kB]
取得:2 http://raspbian.raspberrypi.org/raspbian buster InRelease [15.0 kB]
取得:3 http://raspbian.raspberrypi.org/raspbian buster/main armhf Packages [13.0 MB]
取得:4 http://raspbian.raspberrypi.org/raspbian buster/contrib armhf Packages [58.7 kB]
13.1 MB を 54秒 で取得しました (241 kB/s)
パッケージリストを読み込んでいます... 完了
pi@raspberrypi:~ $
```

❸wget　URLで指定したファイルをダウンロード

指定ファイルを指定したFTPサーバやWebサーバからダウンロードします。

【書式】　　wget（URL）

【使用例】　sudo wget http://w.vmeta.jp/temp/km-0411.ini

❹tar　ファイルのアーカイブ化、展開

ファイルをtar.gz、tgz拡張子*のファイルに書庫（アーカイブ）化、または展開します。

【書式】　　tar（オプション）（アーカイブ先）（アーカイブ元）

【オプション】

c　　　　書庫を新規に作成する

v　　　　実行結果を表示する

z　　　　zipとしてアーカイブする

t　　　　アーカイブ内容を表示する

tarは複数ファイルを1つにまとめるコマンド（圧縮はしない）。さらにgzipコマンドで圧縮したものにつける拡張子がtar.gzやtgz。

x	アーカイブからファイルを抽出する	
f	指定されたファイルにアーカイブデータを出力する	
k	展開するとき同名のファイルやディレクトリがあるときは警告を表示して中止する	

【使用例】　`tar　xzvf aquestalkpi-20210827.tgz`

B-5　ターミナルの入力編集支援機能

シェルにはコマンド入力を楽にしてくれる機能がいくつかあります。

❶ヒストリ機能

　Linuxのシェルにはヒストリ機能という記憶機能があり、過去に入力したコマンドを覚えてくれています。そしてそのコマンドを簡単なキー操作だけで呼び出すことができ、再実行することもできますし、一部だけ変更して実行させるということもできます。このとき役に立つキーが矢印キーで、表B-1のように割り付けられています。矢印キー以外にも Ctrl キーと一緒に押すことで同じ機能を果たすキーが用意されています。

▼表B-1　コマンドの再呼び出し、編集用キー

矢印キー	機　能	Ctrl キー
↑	ひとつ前に実行したコマンドを呼び出す。呼出し後 Enter で実行する	Ctrl + P
↓	次に実行したコマンドを呼び出す。呼出し後 Enter で実行する	Ctrl + N
←	カーソルを1文字左に移動する。そこで編集することができる	Ctrl + B
→	カーソルを1文字右に移動する。そこで編集することができる	Ctrl + F

❷コマンド補完機能

　ヒストリ機能の他にシェルには「コマンド補完」という機能があります。これはコマンドの入力作業を短縮する機能で、コマンドを途中まで入力したあと、Tab キーを押せば、それまでの入力でコマンドが1つに絞られる場合は、自動的に残りの文字列が補完されて表示されます。

　例えば、現在のディレクトリの中に「aquestalkpi」というディレクトリがある場合、「cd aq」まで入力して Tab キーを押せば「cd aquestalkpi/」と表示してくれますから、ここで Enter を押せばaquestalkpiのディレクトリに移動します。

C-1 IFTTTのアプレットの作成の仕方

IF This Then Thatの略で、ウェブサービス同士を連携させることができるサービス。無料プランでは三つまでアプレットを作れる。

アカウント取得方法はウェブで検索されたい。

IFTTT*というウェブサービスを使うための手順を説明します。本書では新規にIFTTTのアプレットを作成してGoogleドライブにデータを保存します。

したがって、Googleドライブを使うので、IFTTTとGoogleアプリの両方を使えるようにする必要がありますが、本書ではGoogleアカウント*については既に持っているものとし、IFTTTの設定方法のみ説明します。

IFTTTの設定の流れは次の手順になりますが、IFTTTではブラウザにはGoogle Chromeが指定されているのでChromeを使う前提で進めます。IFTTTの設定は次のステップとなります。

- ・ アカウント作成とサインイン
- ・ Thisの設定　→　Webhooksを使う
- ・ Thatの設定　→　Sheetの中のAdd row to spreadsheetを使う
- ・ Google Spreadsheetに対しIFTTTからの受信を許可する
- ・ テスト送信実行

1 サインイン

最初はIFTTTの設定で、まずアカウントの登録から始めます。IFTTTのホームページ(ifttt.com)を開き、図C-1で①メールアドレスを入力して[Get

●図C-1　IFTTTへのサインイン

started] ボタンをクリックします。これで表示されたページで②パスワードを入力してから [Sign in] ボタンをクリックしてサインインします。これでアカウントが登録されます。2回目以降は右上のメニューの③ [Sign in] で直接サインインできます。

2 アプレット作成開始

サインインすると図C-2の画面になります。ここから実際に使う自分専用のアプレットを作成します。メインメニューの [Create] をクリックします。

●図C-2　自分専用のアプレットの作成開始

3 Webhooksの選択

これで図C-3の画面になります。ここからthisのトリガの設定になります。① [If this] をクリックし、表示される画面で②「webhook」と入力します。これで図のようにWebhooksのサービスが表示されますから③選択クリックします。

●図C-3　thisの設定

259

④イベント名の入力

これで図C-4の画面になります。ここではGETメッセージやPOSTメッセージが送られてきたときトリガとするイベント名を入力します。まず①の大きなボタンをクリックし、これで開く窓で②トリガ名称を例えば「Log_Data」と入力してから③の[Create trigger]ボタンをクリックします。

●図C-4　thisの設定

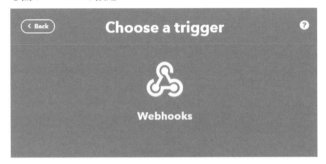

5 spreadsheetの設定

これでトリガのthisの設定は終わりで、図C-5の左上画面に戻るので、次のアクションのthatの設定になります。まず①で[Then that]を選択します。続いて表示される画面で②検索窓に「sheet」と入力すると表示される[Google Sheet]のボタンを③クリックします。続く画面では、選択肢が2つ表示されますから、④のように[Add row to spreadsheet]を選択します。

●図C-5　thatの設定

⑥ データ送信内容の設定

　これで図C-6のようなデータ送信内容の設定画面になります。ここでは①
Googleアプリのスプレッドシートの名前（Loggerにした）、②は追加する行
の形式で、ここではEventnameは不要なので削除し、時刻（OccurredAt）とデー
タ3個（Value1,2,3）を送ることにしています。次に③でスプレッドシートを
作成するフォルダ名（ここではIFTTTとした）を入力します。

　これで④のように［Create action］をクリックすると中央図のような画面に
なるので⑤で［Continue］ボタンをクリックします。さらに右下の図の確認画
面になるので、確認し、動作したら教えてもらうよう⑥スイッチをオンにし
てから⑦［Finish］をクリックします。

●図C-6　thatの設定

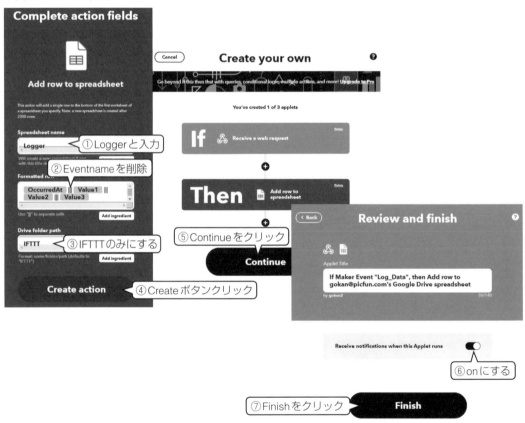

7 アクセス許可

　これで図C-7の最上段のように作成されたアプレットの画面になります。ここでGoogle Spreadsheetのアクセス許可を設定します。①Sheetのアイコンをクリックして表示される画面で②[Settings]のボタンをクリックします。さらにこれで開く画面で③[Edit]をクリックします。

●図C-7　Google Sheetのアクセス許可

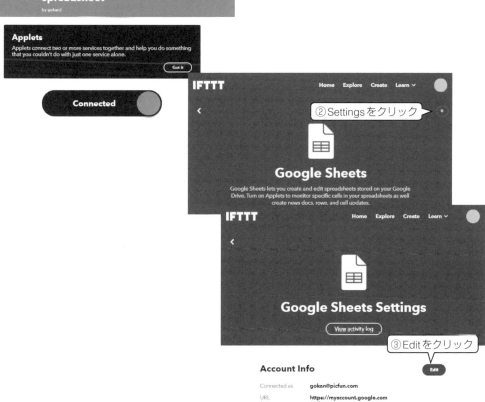

これで図C-8のようなアカウント選択画面になるので、④自分のアカウントを選択します。さらに開く画面で⑤[許可]のボタンをクリックすればアクセス許可が完了します。

●図C-8　Google Sheetのアクセス許可

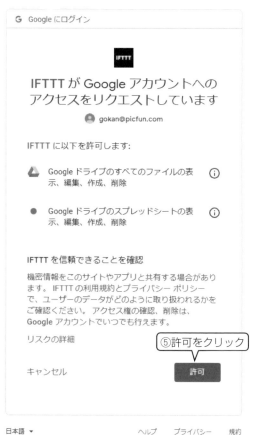

❽Webhookの設定

これで図C-7の画面に戻るので、図C-9の①でLog_Dataを選択し表示される画面で、次は②Webhooksの方を選択します。これで表示される画面で③[Documentation]をクリックします。

●図C-9　Webhookの設定

次に表示される図C-10の画面の上側に表示されるYour keyがキーコードですのでメモっておきます。あとでこれをノロー中に記述する必要があるためです。

🔟 テスト

　次にこの画面でテストを試します。①のキーコードを記録しておき、②で
トリガイベント名に自分が作成したイベント名「Log_Data」を入力、③で3つ
のデータに適当な値か文字を入力してから④の[Test it]ボタンをクリックし
ます。

　これで⑤のように画面上部に「Event has been triggered.」と緑バーで表示
されればテスト実行完了で、Google Spread Sheetにデータが追加されてい
るはずです。

●図C-10　テストの実行

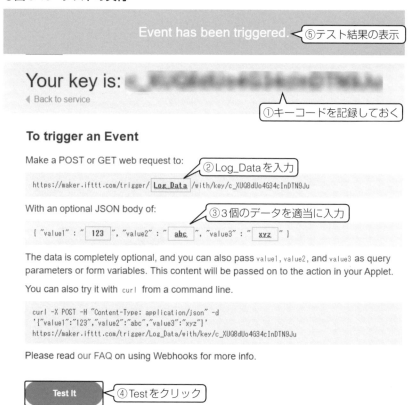

　テスト結果を確認するため図C-11のようにGoogle Driveを開きます。図の
ように「IFTTT」というフォルダが自動生成され、この中にLoggerというファ
イルが自動生成されているはずです。ただし、ここではGoogleアカウントが
既に登録されていてログイン状態になっているものとします。

●図C-11　GoogleのMyDriveを開く

このLoggerのファイルを開くと図C-12のようにSpread Sheetとなっていて、図C-10で設定した日付と3個の値がセルに追加されています。

●図C-12　テスト結果

以上でIFTTTの設定はすべて完了で、あとはWebhooksへのデータ転送待ちになります。

10 動作状態の確認

　正常に動作ができなかったときなどに原因調査をすることができます。IFTTTのHome画面で図C-13のように①右端にある灰色の丸いアイコンをクリックします。これで表示されるドロップダウンリストで、②[activity]をクリックすると動作状態のログが表示され、動作状態の確認ができます。ERRORやSKIPがあれば動作が正常にできなかったことになり、[Show Details]をクリックすればその原因も表示されます。

●図C-13　ログ確認

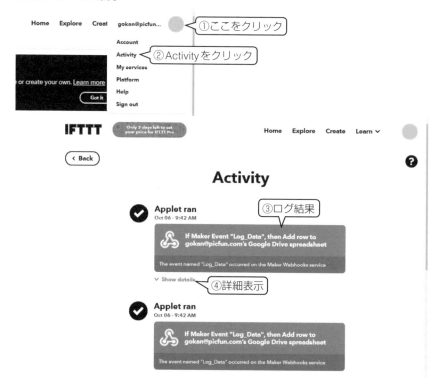

索 引

■著者紹介
後閑 哲也　Tetsuya Gokan

1947年　愛知県名古屋市で生まれる
1971年　東北大学　工学部　応用物理学科卒業
1996年　ホームページ「電子工作の実験室」を開設
　　　　子供のころからの電子工作の趣味の世界と、仕事として
　　　　いるコンピュータの世界を融合した遊びの世界を紹介
2003年　有限会社マイクロチップ・デザインラボ設立
著書　　「PIC16F1 ファミリ活用ガイドブック」「電子工作の素」
　　　　「PICと楽しむ Raspberry Pi 活用ガイドブック」「電子工作入門以前」
　　　　「C言語による PIC プログラミング大全」「逆引き PIC 電子工作 やりたいこと事典」など著書多数

Email　　gokan@picfun.com
URL　　　http://www.picfun.com/

●カバーデザイン　　　　NONdesign 小島トシノブ
●本文デザイン・DTP　（有）フジタ
●編集　　　　　　　　　藤澤奈緒美

電子工作のための
Node-RED活用ガイドブック

2021年5月15日　　初版　　第1刷発行

著　者　後閑 哲也
発行者　片岡 巌
発行所　株式会社技術評論社
　　　　東京都新宿区市谷左内町21-13
　　　　電話　03-3513-6150　販売促進部
　　　　　　　03-3513-6166　書籍編集部
印刷／製本　昭和情報プロセス株式会社

定価はカバーに表示してあります。

ISBN978-4-297-12052-8 C3055
Printed in Japan

■注意
　本書に関するご質問は、書面でお願いいたします。
電話での直接のお問い合わせには一切お答えできま
せんので、あらかじめご了承下さい。また、以下に
示す弊社のWebサイトでも質問用フォームを用意し
ておりますのでご利用下さい。
　ご質問の際には、書籍名と質問される該当ページ、
返信先を明記して下さい。e-mailをお使いの方は、メー
ルアドレスの併記をお願いいたします。

■連絡先
〒162-0846
東京都新宿区市谷左内町21-13
（株）技術評論社　書籍編集部
「電子工作のための Node-RED 活用ガイドブック」係
　FAX番号：03-3513-6183
　Webサイト：https://gihyo.jp